新思维 · 新视点 · 新力量

设 计 丛 书

当代商业景观形态语言

刘茜 著

化学工业出版社

· 北京 ·

内容简介

当下，全球化已成为不可逆转的历史潮流，信息泛滥、消费狂欢现象正逐渐影响商业行为。在此背景下，为研究当代商业景观形态语言的嬗变，本书以设计语汇—语法—修辞—语义为内容架构，以商业景观道路、边界、区域、节点、标志物的形态为语汇内容；从场地结构、空间关系、比例尺度、要素关联等方面阐释设计语法；在修辞部分以譬喻、夸张、引用、错综为主展开对当代商业景观核心修辞手法的研究；在语义表达部分以形态语言的特征分析和修辞为基础，阐述当代商业景观形态语言蕴含的语义内涵。本书以当代社会发展和人类精神为视野展开对当代商业景观设计和形态语言的思考，希望在更具时代性的理论与实践探索中得到更好的启发。

本书可作为风景园林、建筑学、城乡规划学、环境设计等专业学习者的学术研究参考用书，也可供相关专业领域的工程师、设计师、管理人员阅读。

湖北省社科基金一般项目（后期资助项目）资助，立项号2020286

图书在版编目（CIP）数据

当代商业景观形态语言/刘茜著. —北京：化学工业
出版社，2022.5（2025.1重印）
ISBN 978-7-122-41045-0

Ⅰ.① 当… Ⅱ.① 刘… Ⅲ.① 商业区-景观设计
Ⅳ.① TU984.13

中国版本图书馆CIP数据核字（2022）第054714号

责任编辑：李彦玲　　　　　　　　　　　　文字编辑：吴江玲
责任校对：刘曦阳　　　　　　　　　　　　装帧设计：李子姮

出版发行：化学工业出版社（北京市东城区青年湖南街13号　邮政编码100011）
印　　装：涿州市般润文化传播有限公司
710mm×1000mm　1/16　印张17　字数295千字　2025年1月北京第1版第2次印刷

购书咨询：010-64518888　　　　　　　　　售后服务：010-64518899
网　　址：http://www.cip.com.cn
凡购买本书，如有缺损质量问题，本社销售中心负责调换。

定　　价：59.80元

习近平总书记指出："经济全球化是社会生产力发展的客观要求和科技进步的必然结果，不是哪些人、哪些国家人为造出来的。经济全球化为世界经济增长提供了强劲动力，促进了商品和资本流动、科技和文明进步、各国人民交往。""要积极引导经济全球化发展方向，着力解决公平公正问题，让经济全球化进程更有活力、更加包容、更可持续，增强广大民众参与感、获得感、幸福感。"

物质的极大丰富使西方发达国家呈现出与之相适应的消费社会形态。这一时代进程超越了社会结构、空间地理位置、政治状况等因素的局限，对全球产生着影响。纳入世界经济一体化的中国也成为商品消费的"新战场"。这一消费为主导型的社会状况，一方面加深了商品化与市场化程度，另一方面转变了人们的审美、行为、心理和价值追求。从设计领域来看，扮演"消费同谋"角色的当代商业景观，作为社会、市场、文化、审美等的综合载体，呈现出符号、艺术、物质价值诉求等的多重转向。

本书以消费社会学作为社会学意义上的理论工具，来研究当代商业景观形态语言，是将其从商业空间的设计营造拓展至社会生活价值和意义构建的层面。在分析当代社会语境嬗变、消费社会理论阐释和当代商业景观设计价值诉求的基础上，综合运用实地调研、文献分析、语言学等跨学科研究的方法，结合设计语言的理论和城市空间意象的研究，展开对当代商业景观形态语言的构建与分析。本书还探讨了消费社会对全球产生影响的视域下中国当代商业景观所面临的机遇与挑战。当代商业景观形态语言是对消费社会这一时代进程的社会结构、文化、审美、市场等的综合呈现。它作为城市的"名片"以及人们休闲、购物、社交的重要场所，亟待我们营造一种生态、经济、历史、文化和谐共生的活态商业景观"桃花源"。

此书是在本人读博士期间研究成果基础上修订而成的。本书得以出版，衷心感谢武汉理工大学艺术与设计学院易西多教授、清华大学美术学院邱松教授、武汉大学哲学学院范明华教授以及美国华盛顿大学风景园林系侯志仁教授对本人学术研究的专业指导，特别感谢湖北省社科基金的资助、湖北工业大学领导的支持以及化学工业出版社的帮助。由于作者水平有限，书中难免有不妥之处，恳请各位专家及读者批评指正。

刘 茜

2021年12月

第 1 / 章

绪论

1.1 当代商业景观设计的研究背景　/2

　1.1.1　社会背景　/2

　1.1.2　经济背景　/3

　1.1.3　行业背景　/5

1.2 当代商业景观设计的研究意义和目的　/8

　1.2.1　研究意义　/8

　1.2.2　研究目的　/9

1.3 当代商业景观设计的研究现状　/10

1.4 概念阐释　/12

　1.4.1　消费社会　/12

　1.4.2　语境　/14

　1.4.3　当代　/15

　1.4.4　景观　/17

　1.4.5　商业景观设计　/19

　1.4.6　形态语言　/21

第 2 / 章

当代商业景观设计与消费社会的内在关联

2.1 消费社会的时代语境　/26

　2.1.1　全球化的浸透　/26

　2.1.2　信息化的泛滥　/28

　　2.1.3　消费的狂欢　/ 30

2.2　消费社会的理论阐释　/ 34

　　2.2.1　社会结构的视角——消费社会符号化　/ 36

　　2.2.2　艺术文化的视角——日常生活审美化　/ 41

　　2.2.3　个体行为的视角——日常行为求"新"化　/ 45

2.3　当代商业景观设计的价值诉求　/ 50

　　2.3.1　当代商业景观的符号价值转向　/ 51

　　2.3.2　当代商业景观的艺术价值转向　/ 57

　　2.3.3　当代商业景观的物质价值转向　/ 61

第 3 / 章

当代商业景观形态语言的嬗变

3.1　前消费社会的商业景观发展历史脉络　/ 67

　　3.1.1　传统溯源　/ 67

　　3.1.2　近现代变迁　/ 71

3.2　消费社会语境下当代商业景观形态语言的更新　/ 78

　　3.2.1　当代商业景观的非理性化思维　/ 78

　　3.2.2　当代商业景观的视觉形象裂变　/ 83

　　3.2.3　解构主义商业建筑的影响　/ 88

3.3　当代商业景观设计形态语言的构成　/ 93

　　3.3.1　当代商业景观设计的构成　/ 93

　　3.3.2　当代商业景观形态语言的内容　/ 94

　　3.3.3　当代商业景观形态语言研究构架　/ 99

第 4 / 章

当代商业景观形态语言的语汇

4.1　语汇概述　/ 103

　　4.1.1　概念　/ 103

　　4.1.2　构成　/ 104

4.1.3　特点　/ 105

4.2　商业景观道路　/ 107

4.2.1　道路形态的特征　/ 107
4.2.2　道路形态的构成与塑造　/ 123

4.3　商业景观边界　/ 130

4.3.1　边界形态的特征　/ 130
4.3.2　边界形态的构成与塑造　/ 136

4.4　商业景观区域　/ 140

4.4.1　区域形态的特征　/ 140
4.4.2　区域形态的构成与塑造　/ 147

4.5　商业景观节点　/ 151

4.5.1　节点形态的特征　/ 151
4.5.2　节点形态的构成与塑造　/ 158

4.6　商业景观标志物　/ 161

4.6.1　标志物形态的特征　/ 161
4.6.2　标志物形态的构成与塑造　/ 169

第 5 / 章

当代商业景观形态语言的语法

5.1　语法概述　/ 172

5.1.1　概念　/ 172
5.1.2　构成　/ 173
5.1.3　特点　/ 173

5.2　场地结构　/ 175

5.2.1　轴线　/ 175
5.2.2　序列　/ 179
5.2.3　等级　/ 181
5.2.4　界面　/ 182

5.3　空间关系　/ 185

5.3.1　空间组合　/ 185

　　　5.3.2　空间联系　/187

5.4　比例尺度　/189

　　　5.4.1　空间尺度　/189

　　　5.4.2　时间尺度　/194

5.5　要素关联　/197

　　　5.5.1　建筑要素的关联　/197

　　　5.5.2　新旧要素的关联　/199

第6/
／章

当代商业景观形态语言的语义

6.1　当代商业景观形态语言的修辞手法　/204

　　　6.1.1　譬喻　/204

　　　6.1.2　夸张　/211

　　　6.1.3　引用　/216

　　　6.1.4　错综　/219

6.2　消费社会语境下的当代商业景观形态语言内涵　/223

　　　6.2.1　精神诉求的质变　/223

　　　6.2.2　审美标准的泛化　/228

　　　6.2.3　历史意识的放逐　/230

　　　6.2.4　生活方式的多元　/232

第7/
／章

中国当代商业景观设计的回溯与展望

7.1　中国商业景观溯源　/238

7.2　中国当代商业景观的机遇与挑战　/245

参考文献　/252

第 **1** 章

绪论

1.1 当代商业景观设计的研究背景

1.1.1
社会背景

物质的极大丰富与系统化使西方发达国家呈现出与之相适应的消费社会形态。由"物"包围着的社会，渲染着消费的魔力。人们对一切事物都想要尝试一下，"因为消费者总是怕'错过'什么，怕'错过'任何一种享受。"人们总希望借由物加入视为理想的团体，以物为突出自我的符号，通过对时尚的捕捉以彰显自我的地位与个性。这种转变使传统的物品购买活动失去了一种物质性，转而成为一种强调购物体验的文化事件。消费社会时代语境引发了人们的审美、行为、心理和价值追求的嬗变，继而呈现于与社会、市场、文化、审美等深度关联的当代商业景观形态语言的表达之中。在全球化驱动下，世界性的经济、文化、政治等多领域突破了国家和民族的界限，呈现出趋同化特征，资本、技术、产品、媒介等实现了互通。互联网、大数据、云计算等信息技术的应用消解了传统时空的局限，彻底革新了人们的思维模式与日常生活。人们对影像与大众媒体产生了一种依赖性，相应地也受控于此。推广全球化策略的跨国机构通过广告和大众媒体向世界其他地区推销契合自身利益价值的高消费生活方式和消费文化，从而引发第三世界国家意识形态等的变迁，致使消费社会这一以社会持续进化论为基础的时代进程超越了社会结构、空间地理位置、政治状况等因素的局限，对全球产生着影响。

当下消费目的由生存需求向精神需求转移，由物质消费走向炫耀性消费、符号消费和文化消费等。大众通过符号的消费表达自我，体现个人价值取向。美国社会心理学家马斯洛（Abraham H. Maslow）的需求层次理论（hierarchy of need）中揭露的更高层次的需求成为当下消费社会消费增长的根本能动力。消费在国家经济增长与生产体系循环中起到主导作用。消费由纯粹财富到相关物品构成的系统，到对消费大众时间和行为的全面控制，再到互联网技术支持下线上销售的惊人体量，发展为以大体量商业体、购物体验中心为特色的未来主义城市。与此同时，消费价值观借由广告媒介迅速在世界范围内传播与蔓延，极大地促进了消费行为的发生。电视、网络等大众媒介的发展，促进了消费文化的完全成熟。生产经营者通过广告等手段营造出刺激感官的华丽体验，大众媒介推广下的消费主义被赋予了越来越丰富的符号意义，将不分国家、阶层、地位、贫富的"消费者"卷入其中。消费品成为"意义"的符号所指，商品的形式与内容逐渐分离，产品的功能被重新定义，即"设计＝交往＝符号"。此外，消费类型也由物质侧重至文化与体验消费。迈克·费瑟斯通阐述了消费购物意义的转变，它由一种追求最大效用的纯粹理性计算的经济交易转变为闲暇时间的消遣活动。这些消费购物场所中，场面形象设计或排场宏大、奢华浮侈，或表达过去宁静的感念与怀旧，徜徉其中的已然是去消遣的观众。简言之，购物成为一种体验。这种消费社会独有的现象与转变对城市各层面具有强大的渗透力与影响力。

综上可见，消费社会的背景作为西方发达国家物质丰盛的体系化呈现，具有社会持续进化论的必然性。伴随着全球化和信息化的浪潮，纳入世界经济一体化的中国也成为商品消费的"新战场"。这一消费为主导型的社会状况，一方面加深了商品化与市场化程度，另一方面转变了人们的审美、行为、心理和价值追求。昭示全新时代观念的当代商业景观形态语言与消费社会具有紧密的关联性，其形态语言的语汇、语法、修辞及语义表达皆为消费社会语境下的美学观念、价值取向和社会需求的表达。

1.1.2
经济背景

1970年，《未来的冲击》一书的作者美国未来学大师阿尔文·托夫勒（Alivin Toffler）预言体验经济将会是农业经济、工业经济、服务经济之后的新的经济形式。1998年7月的《哈佛商业评论》上，一篇名为《欢迎进入体验经济》（*Welcome to the Experience Economy*）的文章在当时引起了轰动。该文章由LLP美国战略地平线（Strategic Horizons LLP）顾问公司创始人B.约瑟夫·派因（B. Joseph Pine）和杰姆斯·H.吉尔摩（James H. Gilmore）撰写。1999年他们出版了《体验经济》（*The Experience Economy*）一书，指出在这种经济模式下，人们由被动消费转变为主动消费，许多行业的服务已经全面转为体验，甚至提供定制化体验服务。他们频繁地使用

"prosumer（消费生产者）"一词，将"体验"定义为创造难忘经历的过程。企业以促进消费为目的，以舞台、商品为道具，为消费者创造难忘的回忆体验。当下经济发展中，主流消费经济出现生产与消费的合体现象。消费生产者的主旨在于消费，他们在消费生活中为了消费需要而参与生产过程，在此过程中获取参与兴趣，形成个人独特的体验。体验经济具有开发性与互动性（表1-1），通过完整的优质体验激发消费，达成与消费者内心情感的互通，从而达到突出主题式营造的目的。这迎合了消费社会追求趣味与时尚个性的特征。

表1-1 不同经济时代的比较

阶段	经济提供物	提供物性质	关键属性	卖方	买方	需求要素	经济模式
农业经济时代	产品	可替换的	自然的	贸易商	市场	特点	购买型消费
工业经济时代	商品	有形的	标准的	制造商	用户	特色	购买型消费
服务经济时代	服务	无形的	定制的	提供者	客户	利益	购买型消费
体验经济时代	体验	标准化的	个性的	展示者	客人	突出感受	感受型消费

当下，我国拥有了今非昔比的经济体量，经济结构实现了优化升级，第三产业及消费需求逐步形成主体，居民收入所占比例上升。人民生活得到极大改善的同时也带来了商业发展的春天。中国从原始的生产经济时代到当下的体验经济时代历时短短三十年。大众爱消费也有钱消费，人们对消费的"质"及消费的场所都提出了新要求，促成了对当代城市购物休闲空间中商业景观营造的迫切需求。

与此同时，经济时代的变迁对商业空间和商业景观设计提出了新的考验。如何顺应时代语境的发展，提升当代商业景观营造的这一"体验场"的体验感，并结合中国区别于西方的特殊性，营造促进经济发展的、活态的、文化自信的、生态的当代商业景观设计是这一经济背景下值得思考的问题。当下体验经济背景下，需创造消费者愿意浸入的多重体验过程。信息化互联网技术的发展和电子商务的普及也提醒设计者需从商业景观的设计营造拓展至社会生活价值和意义构建的层面，寻求超越"鼠标购物"的独特体验和存在价值。

1.1.3
行业背景

随着全球化、信息化、消费化的全面来袭，以及都市与生态问题的加剧，当代商业景观以传统景观操作下的形态语言与方式来应对当下的反传统现象时，便暴露出明显力不从心的意识错乱感。让·鲍德里亚在其著作中认为多维的商业购物空间从某种程度阐释了一种全新的社会性。王向荣教授将社会因素看作对景观设计面貌影响最深层的因素，不可通约性凸显于当代多元化的消费社会时代语境与传统的商业景观语言表达之间。消费为主导型的社会语境转变了人们的审美、行为、心理和价值追求，致使当代商业景观形态语言由生产社会理性主义主导下"均衡而规则"的形态结构转变为当下"多元""错综""新奇""夸张"的商业景观形态主流表达。从宏观抽象的视角探寻消费社会与当代商业景观形态的深度关联能够超越形式与功能研究的局限，产生对未来行业发展积极的意义。此外，在线上商业冲击下岌岌可危的实体商业空间急需于物质型消费中融入更多体验的内容，其中，商业景观担当着当下购物空间氛围营造的重要角色。城市更新的"突变"模式带来一座座拔地而起的商业购物中心，打破了城市多元景观与文化记忆沉淀的有机节律，以诱发消费为目标的大型冷气商业空间与"文

化危机"并存。一种生态、经济、历史、文化和谐共生的活态商业景观"桃花源"成为城市人共同的渴求。以当代社会发展和人类精神为视角，展开对当代商业景观形态语言的思考，极具理论与实践意义。

消费文化的变革以及消费方式的多样化带来了更激烈的竞争，出现了大量"dead mall"（垂死的购物中心）等被时代遗弃的商业空间。唯有顺应时代、社会、市场，不断进化而保持活力的商业设计才能经受多重的筛检。当代商业景观作为与消费社会紧密联系的设计产物，是商品交换的"同谋者"，同时也是拥有较高社会需求度的场所。当代商业景观如何能够反映时代精神起到积极效应、如何缓解疯狂消费的人与自然的紧张局面、如何处理消费文化和人类的复杂需求，以及商业景观形态建构的感性方法如何纳入理性框架等一系列问题不禁引发我们思考消费社会语境下当代商业景观的取向与使命。与此同时，数字景观技术的发展、计算机辅助下的图形绘制与分析、参数化设计等，都为当下设计师创作复杂的景观形态创造了可能，这也使形态研究的对象极具丰富性与表现力。从设计实践领域看，当代商业景观出现了一些摒弃传统和谐法则的商业形态，呈现出异质与模糊的特征，在其形态表征下包含着逆向的意识形态。正如库哈斯所言："不仅在购物活动里融入了各种事件的成分，而且各种事件最终也都汇合成为购物活动。"一种特定商业景观形态的出现有经济转型、文化交替、科技进步

等综合的社会因素的影响。本书正是基于消费社会这一语境，以具有较大影响力的综合购物中心景观和商业街景观的形态语言为研究对象，研究商业景观形态语言与消费社会的内在关联性，探寻社会语境对商业景观形态语言生成的干预性，构建当代商业景观形态语言的语汇、语法、修辞等框架，为实践创作拓展新的视角。

雷姆·库哈斯（Rem Koolhaas）的"普通城市"（generic city）和马克·奥热（Marc Auge）的"非空间"（non-places）都提出"流动"与"消费"成为"普通城市"未来发展的特征要素，商业消费成为城市形式的决定要素。城市历史学家指出，城市起源最初的动力除了城市行政与军事功能外，城市的商业功能也不容忽视。"城市"一词中，"城"体现了城市的军事与行政属性，而"市"则反映出商业作为城市基本功能的历史根源。在相当长的时间里，由于城市"生产性"处于主导地位，故工业建设得到极大重视，决策者与设计师也多将"商业中心"等同于传统形式的线性购物街道。消费社会语境中，城市经济功能中"消费性"成为城市经济发展的支柱。从全球层面看，经济全球化影响下，城市商业空间成为全球经济与本土经济连接的结合点。学术界也对此予以关注与研究，例如哈佛大学政府和公共事务教授波特南（Putnam）关于社会资本和社会公共空间的研究。以库哈斯为主的哈佛大学城市问题的研究，特别是他编著的《哈佛设计学院购物指南》（*Harvard Design School Guide to Shopping*）一书，反映了西方主流学术界对商业空间与社会关系以及商业空间形态自身的变迁等问题在进行更加严肃的探讨。

西方商业空间聚合形态的发展大致可以分为三个阶段。20世纪50年代前的城市商业形态以商业街为主，由于交易需要，传统商业活动围绕"主街"（main street）展开，商店布置于街道两侧，通常选址于最平坦的土地上，形态往往是紧凑而密集的一组相互关联的带状。20世纪50～80年代，狭小的商业街涌现出交通问题。汽车的出现对其产生了"颠覆性"影响，盲目地拓宽道路引发了步行道与汽车流线的问题。因此，步行街商业景观形态成为应对策略。商业步行街封闭了中心街部分，为步行者营造了更多的休憩空间，有太阳伞、座椅、景观小品等设置，满足了步行购物者的需求。同期，由于城市郊区化进程的加快，更加方便的郊区大型购物中心（shopping center）也得到发展，其形态多为千篇一律的"大盒子"（big box）配以简单的几何形景观绿植。20世纪80年代至今，城市商业形态是以极具丰富体验性景观的现代综合性购物中心（retail and entertainment destination）为主。90年代的"新城"具备现代的交通设施，更利于综合性购物中心的建设与发展，多样化与混合化的功能满足了人们"一站式"的服务需求，它也成为当代城市更新的主要内容之一。伴随着城市交通的发展，人们聚集活跃于此。当下，伴着消费的号角，在全球范围内涌现出大量前卫思想和时代观念引导下的商业景观作品，昭示出人们于消费社会语境下全新的审美、行为、心理和价值追求的时代嬗变。

景观作品的持久生命力需要实现经济、社会、艺术、自然等因素的相互平衡。时代巨变，当代商业景观的形态语言作为社会结构、文化、审美、市场等的综合呈现者，是人们城市休闲、购物、社交的重要场所，其形态建构与当下消费社会的内在逻辑关联性研究对商业景观的发展方向具有巨大的启发作用。商业景观形态最终要经受消费者、场所自然环境和时代的考验。因此，以消费社会为视角理解、描述和干预当下商业景观形态和设计实践，既是行业需要，又具有时代意义。

1.2.1
研究意义

　　商业景观形态是对社会、市场、文化、审美等的综合诠释。本书选取与当下消费社会联系最为紧密的商业景观类型，着重以西方20世纪80年代后期蓬勃发展而形成的具有典型性的当代商业景观形态语言为研究对象，探寻其与消费社会的内在关联性。此外，由于当下全球化与信息化的全面来袭，纳入世界经济一体化的中国也成为商品消费的"新战场"，其当代商业景观的发展也呈现出与西方的相似性，因此，本书的研究最终立足于中国当代商业景观的处境。

　　综上所述，研究是具有理论研究与实践指导双重意义的，主要体现在三个方面。

　　① 厘清消费社会与当代商业景观形态语言的内在关联。消费社会对当代商业景观形态具有深远而广泛的影响，对当下消费社会文化及特征的梳理与研究，既有利于客观地树立对消费社会和消费主义文化的态度与价值评判，认识对其一味批判或顺从的错误性，又有利于着眼时代语境来探寻当代商业景观形态嬗变的本质，将宏观抽象的时代视角纳入设计实践构思的网状关系之中。

　　② 为商业景观实践拓展新的思考视角。以消费社会学作为社会学意义上的理论工具来研究当代商业景观形态语言，无疑是将其从商业空间的设计营造拓展至社会生活价值和意义构建的层面。以当代社会发展和人类精神为视角，展开对当代商业景观发展的思考，将更具时代性的理论与实践意义。

　　③ 探索性地将设计语言的方法引入商业景观设计形态研究领域。在城市空间意象的五大要素研究基础上，运用语言学构建当代商业景观形态的语汇、语法、修辞研究体

系，并阐明了时代的语义内涵，为设计研究提供了一种新的跨学科研究思路。

综上所述，本书以消费社会下作为建成环境的当代商业景观形态语言为研究对象，对互联网冲击下的实体商业空间与景观营造具有启发意义。以当代社会发展和人类精神为视角，展开对当代商业景观发展的思考，对营造一种生态、经济、历史、文化和谐共生的活态理想商业景观将具有推动作用。

1.2.2
研究目的

当下消费社会语境中的商业景观形态研究对于近年来实体商业氛围失活现象具有实际意义。广义的商业景观是与消费社会紧密联系的一种景观类型，它是承载消费行为的物质空间载体，除了满足基本的场所使用功能外，还需要顺应社会时代精神。当代商业景观以传统景观操作下的形态语言与方式来应对当下反传统的时代表征时，便暴露出明显力不从心的意识错乱感。因此当下商业景观形态语言唯有顺应当下消费社会的自然、经济、文化和消费心理行为特征，才能活态地存在。本书以消费社会为语境，以消费社会干预下的当代商业景观形态语言为研究对象，试图构建以语言学与城市意象五要素为基础的当代商业景观形态的语汇、语法、修辞、语义研究体系，为当代商业景观设计提供超越形式与功能的宏观设计新思路，并以社会发展和人类精神为视野探寻时代性的应对策略。

1.3 当代商业景观设计的研究现状

这部分主要是对消费社会理论和商业景观形态语言相关研究的综述。首先，梳理总结现存研究的主要视角与成果，为本研究提供理论基础。其次，通过对社会学、心理行为学及商业景观形态语言的研究，寻求消费社会语境与形态语言研究的契合点，为本研究提供创新点。

以消费社会为研究语境的前提是彻底厘清这一社会环境，才可能与景观形态语言进行结合研究。消费社会理论发源于西方，因此将西方学者的著作作为文献综述分析的重点。十九世纪即展开了对消费文化的探讨，二十世纪中叶后的消费社会理论研究处于繁盛时期，经过梳理可以从三个阶段梳理消费社会的研究。

第一阶段为：商品化经济对消费社会人类生活和精神领域的干预与入侵。其理论基础建立于异化理论（alienation theory）和商品拜物主义（commodity fetishism）。代表理论学者有法兰克福学派的代表人物之一赫伯特·马尔库塞（Herbert Marcuse）、"精神分析社会学"的奠基者之一埃里希·弗洛姆（Erich Fromm）等。第二阶段为：将消费社会符号体系（sign system）作为批判和研究视角，取代了主体、理性等研究角度。代表人物为亨利·列斐伏尔（Henri Lefebvre），他在《日常生活批判》（*Criticism of Daily Life*，2007）中着眼"日常生活"提出消费者被原子化的现象，这种"现代性写实法"让人们存在于商品选择的时刻。从日常生活的微观视野论述了信号和图像的诱导性，为后一阶段让·鲍德里亚（Jean Baudrillard）的研究提供了基础。

以让·鲍德里亚为代表的第三阶段，消费者由对使用价值的需求转变为对商品赋予意义的需求，这一整体性与建立于社会心理基础上的行为揭露了人们对形象、符号、信息的消费和追逐。让·鲍德里亚的《消费社会》（*Consumer Society*，2006）总结了消费社会符号消费的特征，指出广告、品牌和大众媒介成为其中介并剖析出符号消费的实质，从现代社会中人与物的关系这一全新视角讨论和研判消费社会背后的隐秘机制。

国外关于景观姊妹学科建筑与消费社会研究的成果丰厚，但鲜有从消费社会视角展开对景观形态语言的研究。消费社会与商业建筑研究的相关文献可以为本研究提供一定启发与参考。从二十世纪二三十年代到五六十年代再到体验经济的当下，美国从以郊区购物中心为代表的商业形式发展为大型建筑商业综合体再到"生活方式中心"（lifestyle center）。社会经济、文化和科技等方面的发展变迁为当代商业建筑设计实践与研究提供了重要依据。商业景观形态语言的文献大致可梳理为两个方面：其一，是以某个商业实例为研究对象，从各种角度对其景观建筑商业环境的设计进行研究分析；其二，是关于景观形态语言的研究。

迄今，关于商业街区和商业建筑的研究，国内尚未出现与本研究方向完全一致的文献，梳理现存文献，大致分为三种类型：第一类，以消费社会或消费文化作为研究的视角或社会背景，重点聚焦与消费紧密关联的商业或消费空间（建筑）。第二类，文献的某章节以消费社会或消费文化为内容，研究对象各不相同。第三类，

消费社会或文化对研究对象产生的影响研究。随着我国城市建设的不断完善，风景园林学科的理论与实践也随之丰满，其主要价值演变经历了"美与艺术—社会—生态—文化价值"的发展过程。当下生态智慧的构建、文化景观的建立、乡村建设和数字景观等成为学科研究的重点与热点。这一系列成果皆依托于景观形态展现给大众观者，借助"形态"传达思想。但当前国内景观形态研究面临的窘境正如刘滨谊教授在《景观形态之理性建构思维》中阐述的那样，艺术设计学科的二维形态研究的平移脱离了景观三维性的特点，建筑形态的研究囿于单体空间，也无法直接套用。此外，现存文献的研究成果并未构建完整的理论体系，对景观设计形态研究或设计方法讨论的文献零散。景观形态的研究具有复杂性，影响条件多元化，尤其受意识形态和社会语境的影响，将社会模式的语义寓于形态中，这也是本研究选题的思想来源。具体到商业景观类型的形态研究，现存文献更是缺乏深度，多为以设计实践为案例的孤立分析，少有以宏观社会学视野进行探究的研究成果。

图1-1为罗斯托、卡恩等人的社会阶段划分及特征的相关内容。

消费社会的概念是随着西方社会由生产为主导的消费转变为以符号为中介的消费而诞生的。美国社会学家大卫·理斯曼（David Riesman）认为当下身处的消费社会时代可谓第二次革命；列斐伏尔认为物从过去的象征体系中得到解放，实现了功能化的社会时代；罗兰·巴特（Roland Barthes）从大众文化的视角指出符号中介时代的物成为符号；让·鲍德里亚为消费社会研究的高潮，以前述

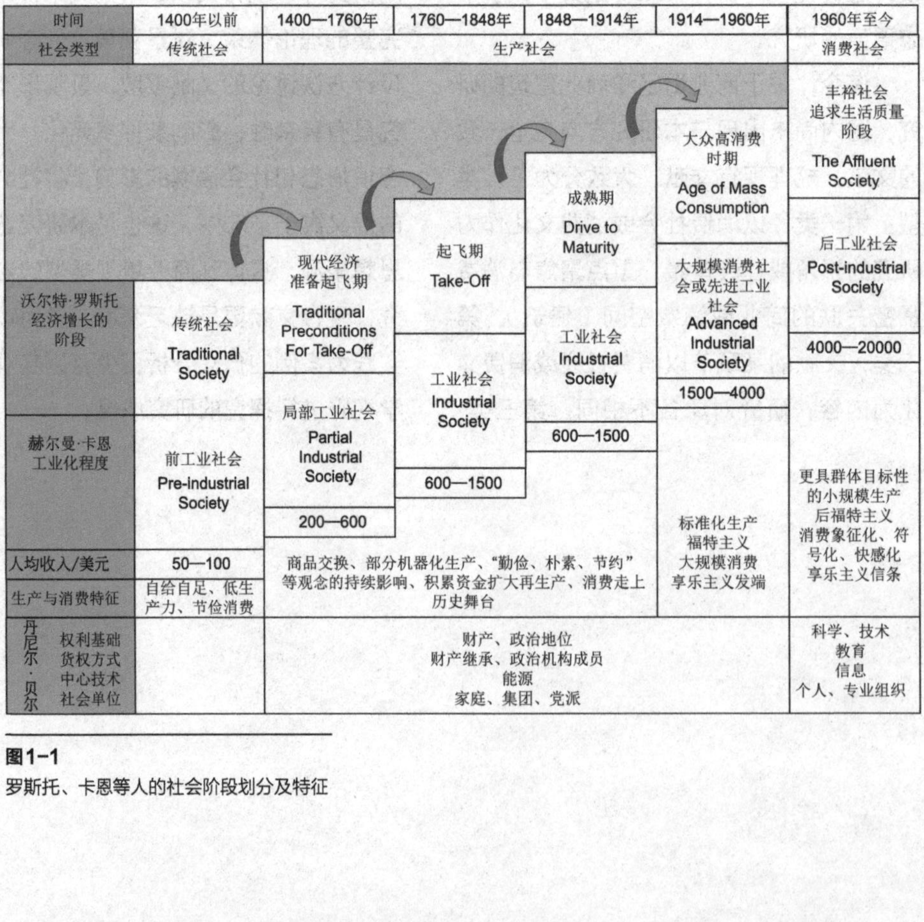

时间	1400年以前	1400—1760年	1760—1848年	1848—1914年	1914—1960年	1960年至今
社会类型	传统社会	生产社会				消费社会
沃尔特·罗斯托经济增长的阶段	传统社会 Traditional Society	现代经济准备起飞期 Traditional Preconditions For Take-Off	起飞期 Take-Off	成熟期 Drive to Maturity	大众高消费时期 Age of Mass Consumption	丰裕社会 追求生活质量阶段 The Affluent Society
赫尔曼·卡恩工业化程度	前工业社会 Pre-Industrial Society	局部工业社会 Partial Industrial Society	工业社会 Industrial Society	工业社会 Industrial Society	大规模消费社会或先进工业社会 Advanced Industrial Society	后工业社会 Post-industrial Society
人均收入/美元	50—100	200—600	600—1500	600—1500	1500—4000	4000—20000
生产与消费特征	自给自足、低生产力、节俭消费	商品交换、部分机器化生产、"勤俭、朴素、节约"等观念的持续影响、积累资金扩大再生产、消费走上历史舞台			标准化生产 福特主义 大规模消费 享乐主义发端	更具群体目标性的小规模生产 后福特主义 消费象征化、符号化、快餐化 享乐主义信条
丹尼尔·贝尔 权利基础 货权方式 中心技术 社会单位		财产、政治地位 财产继承、政治机构成员 能源 家庭、集团、党派				科学、技术 教育 信息 个人、专业组织

图1-1
罗斯托、卡恩等人的社会阶段划分及特征

为基础，从人与物的关系及特殊需求理论对消费社会进行了界定，符号消费跃升为消费社会的主题。与消费社会相关的概念还包括：情境主义代表居伊·德波（Guy Debord）提出的"景观社会"（the society of the spectacle），从真实和意象的角度论述了物的意象化过程；经济学家加尔布雷斯（Galbraith）从经济学角度提出的"丰裕社会"（affluent society）、丹尼尔·贝尔（Daniel Bell）主要从社会结构的变化提出的"后工业社会"（post-industrial society）、罗斯托提出的"大众高消费时代"（the age of the high mass consumption）。

消费社会概念的理解主要分为两种。一是将其视为社会的发展阶段。该理解的代表为英国社会学教授齐格蒙特·鲍曼（Zygmunt Bauman）。他最早提出以"生产社会"与"消费社会"对社会进行划分，并认为"社会所要求成员的，主要是作为消费者的能力。消费者的信心、激情和活力，已经成为经济增长和社会繁荣的主要尺度"。持有同一理解角度的还有现代法国思想大师列斐伏尔，他意识到大众消费时代的到来："一个风格丧失的时代，符号流行并主导了现代日常生活世界"❶。二是将消费社会视为后现代社会的特征。以弗雷德里克·詹姆逊（Fredric Jameson）、皮埃尔·布尔迪厄（Pierre

Bourdieu）和让·鲍德里亚为代表。在鲍德里亚看来，"今天的消费……精确地界定了这样一个阶段，在这里商品被直接当作符号、当作符号价值生产出来"。本书以消费社会为研究的视角是对前文二者综合思考的结果，并非将其局限为一种时期的划分，而是视为物质丰裕且以符号为中介消费的社会阶段，它更多地也代表着一种社会的特征，呈现出的特征性与商品交换"同谋角色"的当代商业景观形态具有多层的关联性。从某种程度上讲，商业景观本身也具有了消费社会商品属性，商业空间景观形态本身乃社会、市场、文化、审美等的综合载体。

此外，对"消费社会"的界定还需要社会学与经济学的结合。从社会学角度看消费目的、消费意义及对社会关系的影响。从经济学角度看生产的能力、方式及生产与消费的关系。西方国家是消费社会毋庸置疑，然而中国的状况具有复杂性，中国的社会显然不符合消费社会的原始内涵。但从社会学角度讲，中国局部城市的物质消费已经走向炫耀性、符号性和文化性等。全球一体化的今天，传媒、科技、商业等的共同协作下，消费社会的影响在全球范围蔓延，相似的形貌在中国显现并呈现出早熟的态势。因此，本书对消费社会语境下当代商业景观形态语言的研究，虽立足西方，但对日本、韩国等亚洲国家，乃至中国，都具有一定的启发性、借鉴性及理论实践意义。

全球化时代语境下，消费社会一方

❶ 刘怀玉. 现代性的平庸与神奇：列斐伏尔日常生活批判哲学的文本学解读[M]. 北京：中央编译出版社，2006：76.

面加深了商品化与市场化程度，另一方面转变了人们的审美、行为、心理和价值追求。此外，由于传统文化对消费社会制约作用减弱，"勤俭、朴素、节约"等观念逐渐被享乐主义侵蚀。大规模机械化生产、智能设备的运用和科技的进步都为消费创造了基础。工业经济转向知识、服务、体验经济，大众消费的对象不再局限于物质商品，生产决定消费的时代一去不复返。当代商业景观营造的城市商业空间成为人们休闲、娱乐、购物、社交必不可少的场所，其设计价值的转向和设计形态嬗变皆昭示出一种全新的时代观念。本书正是基于此消费社会语境，从社会生活价值和意义构建的层面，探寻当代商业景观物质形态语言背后与社会因素关联的深层成因，构建当代商业景观的形态语言体系，并为营造一种生态、经济、历史、文化和谐共生的活态商业景观理想空间提供未来发展的启发与思路。

1.4.2
语境

　　语境即语言环境，指呈现语言意义的各种条件。❶英文"context"由拉丁语"contexere"演变而来，可译为"交织""构成""编制在一起"。语境常运用于语言学研究，关乎接受者对文本的理解。扩展至社会层，人类社会的文化交流、社会现象等都关乎语境。1885年，这一概念首先由德国语言学家威格纳（Wegener）提出，他从客观情景、联想因素和心态状况阐述了语境的三大方面。❷1923年，英籍波兰语言学家马林诺夫斯基（Bronislaw Malinowski）提出将语境细分为"情景语境"（context of situation）和"文化语境"（context of culture）的概念，才引起学界广泛重视。随后，由伦敦功能学派弗斯（J. R. Firth）引入语言学领域，他将语境概念扩展为参与者、参与者行为、事物与事件、行为效果。❸美国语言学家海姆斯（E. A. Hymes）将语境概括为"SPEAKING"：S指物质及心理背景（setting）；P指参与者（people）；E指目的（ends）；A指行动次序（act sequences）；K指基调（key）；I指传播渠道

❶ 祝锡琨. 形态语意 [M]. 沈阳：辽宁美术出版社，2014：122.

❷ 朱永生. 语境动态研究 [M]. 北京：北京大学出版社，2005：6.

❸ 高生文. 语域视角下的翻译研究：理雅各和辜鸿铭《论语》英译比较 [M]. 北京：对外经济贸易大学出版社，2016：53.

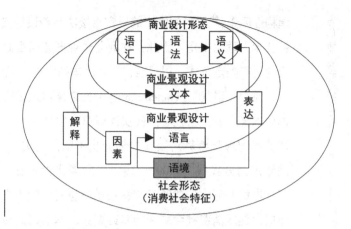

商业设计形态
语汇 → 语法 → 语义
商业景观设计
文本
解释
因素 → 商业景观设计
语言
表达
语境
社会形态
（消费社会特征）

图1-2
语境与商业景观语言的关系

（instrumentality）；N指行动规范（norms）；G指传播种类（genre）。20世纪90年代，多位语用学家阐述了语境的动态性特征，其中包括丹麦语用学家梅伊（Jacob L. Mey）在《语用学引论》中指出语境是动态的概念，环境随言语交际而不断变化。由此语境概念不再局限于当下的物理环境及信息内容，还包括对未来的期盼、文化及说者状态的假设等。

　　总而言之，从学者们对语境的理解可以体会语境的复杂系统。正如约翰·莱昂斯（John Lyons）所述，无法简单地回答什么是语境。语境绝非一个单纯而孤立的概念。伴随西方哲学和美学的转变，"语境"由局限的语言学概念发展为方法论意义的理论工具。"语境"还指向背后的社会意识形态，可以揭示事物存在的本质与意义，局限地将其理解为"背景"是不利于研究相关本质意义的。将"语境"意识形态作为一种研究方法对人类思维具有启迪作用，在自然科学或社会科学领域都能实现重要的价值。

　　当代商业景观具有语言的全面特征，它可供阅读、表达和想象。消费社会语境对蕴含丰富意义的商业景观形态具有潜在的塑造性（图1-2）。研究对象当代商业景观形态语言与隐含的深层社会意识形态具有紧密的关联性，正如理查德·加纳罗（Richard P. Janaro）所言的事物与环境架构之间的语境关系。消费社会语境是当代商业景观文本意义的施予者，当代商业景观形态语言呈现的状态正是基于消费社会的影响与干预。本书将其作为一种社会学意义上的理论工具延伸至当代商业景观设计学领域的研究中，即当代商业景观设计语言存在于消费社会语境之中，才实现了具体的表达。

1.4.3
当代

　　吉登斯（Anthony Giddens）从社会学视角阐释了时间是构成社会活动的重要

建构性因素，❶对时间维度的界定直接决定着设计实践活动的状态。由于本书以社会学为理论视角，因此，在商业景观形态语言研究的过程中引用了社会学研究的时空限定方式，以"当代"作为本研究的时间维度。

何为"当代"（contemporary）？它是对人类历史时间维度的定性界定。从词语本身来看，它在《当代汉语词典》中被译为"当前这个时代"。❷学科或领域的不同意味着其对当代的划分也不同。历史学上是以1945年第二次世界大战结束为分界线，1900～1945年为现代世界史，1945年之后为当代世界史。二十世纪四五十年代第三次科技革命也是当代历史时间段划分的重要标志，它也成为促成消费社会转变的基础要素。本书以消费社会为语境探讨当代商业景观设计形态语言，则应以西方社会结构发生重大变化的20世纪60年代消费社会为基础，并结合商业空间和商业景观发展的具体进程来定义当代商业景观的时间维度。让·鲍德里亚以商品社会向符号社会的转变阐释出这一时期的症结。然而，20世纪70年代的石油危机给商业发展带来暂时的停顿，商业建筑与商业景观的建设也随之黯淡。随后，自动取款机、条形码、光学扫描仪等技术的应用与发展，为商业发展带来了极大的推动力。20世纪80年代前后兴起的芝加哥水塔广场（Water Tower Place，Chicago）、埃尔顿广场纽卡斯尔（Eldon Square Newcastle）、多伦多伊顿中心（The Eaton Centre，Toronto）等众多购物中心才标志着当代商业景观的发展迎来了蓬勃时期。因此，这里将消费社会语境下西方当代商业景观研究时间维度界定为20世纪80年代的商业景观发展典型阶段。这一期间，玛莎·施瓦茨（Martha Schwartz）的亚特兰大里约购物中心（Rio Shopping Center，USA）、SWA设计的溪流商业中心（City Creek Centre）景观、ASPECT设计的墨尔本Highpoint购物中心景观等案例极具形态研究的代表性。

中国商业景观设计本身发展较为薄弱，其发展皆建立于西方设计框架之上。因此，本书对于中国当代商业景观案例的研究与分析更加关注具有典型性的世纪之交——2000年后的部分。

---

❶ 安东尼·吉登斯.社会理论与现代社会学[M].赵勇，文军，译.北京：社会科学文献出版社，2003：23.

❷《当代汉语词典》编委会.当代汉语词典[M].北京：中华书局，2009：579.

1.4.4
景观

外来词"景观"（landscape）从词源学视角来看主要由"land"和词根"scape"构成。古英语（landscipe，landskipe，landscap）和日耳曼语系（lantscaef，landskapr，landscape）的同源词形式相似、意义相近，其原意与人类生存的土地区域相关，但与自然景色无关。"景观"一词最早见于文献希伯来语的《圣经·旧约全书》（*Book of Psalms*），是对所罗门王的教堂和宫殿优美风光的描述，含义接近"风景（scenery）"；16世纪末期，荷兰语"景观（landschap）"和"风景画家（landschapsschilders）"传入英国并演变为"landscape"和"landscape painters"，意义作为田园风景的绘画术语；18世纪末，英国人汉弗莱·雷普顿（Humphrey Repton）为景观赋予了园林含义，"景观"与设计活动具有了关联性；19世纪中叶，近代地理学的奠基人亚历山大·洪堡（Alexander Humboldt）将"景观"定义为"某个地球区域内的概括性特征"并引用至地理学；1925年，地理学家索尔（Carl Ortwin Sauer）提出了"景观形态学"概念，是以实证科学为对象的自然与文化相交的领域；1939年，特罗尔（C. Troll）提出了景观与生态学融合的"景观生态"一词，是以区域内生物体形成的内在规律为核心的区域空间形态概念，此时"景观"的多学科参与的地域综合体规划（landscape planning）概念逐渐形成；20世纪后半叶，在人口增长、工业化、环境污染问题等背景下，美国景观设计师协会（American Society of Landscape Architects）提出了"一种安排土地及其地上物以适合人类利用和享受的艺术"的景观定义，❶强调其艺术属性。随后，阿尔伯特·范因（Albert Fein）提出改为"为了公众、健康和福利，把科学原理应用到土地的规划、设计和管理的艺术，并带有承担土地管理职能的概念"的建议，体现了景观与规划的融合及含义的中性化。

"现代景观（modern landscape）"经历了19世纪下半叶至20世纪初的"现代运动（modern movement）"，是受现代艺术和建筑影响而产生的新面貌的景观。20世纪中期以后产生的景观称为"当代景观（contemporary landscape）"，以第三次科技革命为分界线。刘滨谊教授提出"环境生态""行为活动""空间形态"三元耦合互动的景观本质。成玉宁教授提出科学、技术、文化并存的景观概念视角。景观都市主义的倡导者詹姆斯·科纳（James Corner）提出了城市作为景观（landscape as urbanism）的见解，景观成为自然、人造、城市、乡村各要素和作用力交织的复杂系统。诺伯格·舒尔茨（Norberg Schulz）认为应以整体思维看待景观、建

---

❶ 美国风景园林师协会官方网站[EB/OL] [2019-9-10]. https://www.asla.org/default.aspx.

筑和城市的关系，城市和建筑位于景观基底之上，景观与城市的本质对等。

当下，与社会意识形态紧密关联的"景观"概念具有高度的动态性，昔日泾渭分明的建筑、景观、城市逐渐成为一个统一的思维体。对景观的研究突破了单纯的设计要素而更多倾向于与社会形态等相关联的研究，成为一种具有实用性的问题解决方法。

此外，"景观设计"定义是研究当代商业景观设计的基础。西方国家以"景观建筑学"（Landscape Architecture）命名景观设计学科，我国使用"风景园林学"，它是一门融合多学科知识于一体的多维学科。美国的景观建筑学创始人之一奥姆斯特德（Frederick Law Olmsted）和沃克斯（Calvert Vaux）在纽约中央公园（Central Park）的设计中首次在官方文档中使用了"景观建筑师"（Landscape architect）这一专有名词，并逐渐在欧洲产生巨大影响，"景观建筑"由此产生。如表1-2所示，不同知名学术组织对于景观设计的定义呈现出百家争鸣的状况，在基本内涵一致的基础上有所差异。目前我国景观设计呈现出欣欣向荣的态势，将其定义为"一门建立在广泛的自然科学和人文艺术学科

表1-2 景观建筑学的定义梳理

定义来源	定义
普林斯顿大学官方网站	建筑学的分支，为了人类的使用和娱乐对土地和建筑进行配置的学科
大不列颠百科全书在线	对花园、庭院、地面、公园及其他绿色空间的开发和种植装饰
美国景观设计师协会（ASLA）	景观建筑学包括对自然和建筑环境的分析、规划、设计、管理和服务工作，项目类型包括：居住、公园和游憩、纪念场所、城市设计、街景和公共空间、交通廊道和设施、公园和植物园、安全设计、度假胜地、公共机构、校园、疗养花园，历史建筑环境的保护和修复、改造，公司和商场，景观艺术和雕塑等
国际风景园林师联合会（IFLA）	要实现未来没有环境退化和资源垃圾的目的，需要与自然系统、自然过程与人类关系相关的专业知识、技能和经验，这些在景观建筑学的职业实践中都可以体现
英国景观协会（LI）	景观建筑师利用"软"和"硬"的材料对所有类型的外部空间（不管大小，无论城乡）进行工作
维基百科全书	景观建筑学是关于土地的艺术，是对土地的规划、设计、管理、保护和重建，同时它也是对人工构筑物进行设计的学科。其涉及的领域包括建筑设计、场地规划、土地开发、环境保护、城镇规划、城市设计、公园和游憩规划、区域规划和历史建筑的保护

基础上的应用学科，核心是协调人与自然的关系。"[1]在国内，景观建筑、风景建筑、景观设计、风景园林、景观营造被当作同义词使用，朱建宁教授的观点一语道破核心，他认为深层次的行业内涵和行业人员从业观念才是核心。纵观不同的"景观设计"概念，涵盖内容可概括为自然维度下的景观生态学（Landscape Ecology）、人本维度下的景观社会学（Landscape Sociology）、哲学美学维度下的景观艺术学（Landscape Art）、景观地理学（Landscape Geography）、多维价值体系下的风景园林学（Landscape Gardening）。商业景观设计正是基于以上多含义的融合为城市营造高品质的购物、休闲、社交空间。

1.4.5
商业景观设计

"商业景观"概念涉及"商业"（commerce）概念。商业commerce一词来源于拉丁语commercium，是由"cum"（together，一起）和"merx"（merchandise，买卖）构成。英国牛津字典将"商业"定义为大规模的购买和销售活动。《现代汉语词典》将"商业"定义为以买卖方式使商品流通的经济活动。"商业"具有狭义与广义之分，以营利为目的的事业都属于广义商业范畴，狭义的商业特指从事商品交换活动的营利性事业。本书涉及狭义的商业概念，狭义的商业活动发生于不同的空间聚集形态之中，商业活动空间聚集形态的分类是商业景观研究对象确立的基础，与商业的业态与空间聚集形态紧密相关。法国学者克劳德•布罗塞林（Claude Brosselin）按照业态构成形式划分为综合型商业（type de synthèse commerciale）、组合型商业（type de combinaison commerciale）和独立型商业（indépendance commerciale）。日本教授福因顺子从商业空间聚集形态的类型将其划分为商业街和购物中心。在此基础上，结合商业景观实践的内容，整合城市商业空间典型的综合业态形式与商业空间集聚形态，将商业景观研究对象定位于包含聚合商业广场形式的综合购物中心（shopping center）、商业街（commercial street）和零散小规模个体（retail groceries）的商业景观范畴（图1-3）。此外，受管理成本、场所特点、价格诉求、品牌集合形式等多方面因素的影响，这三类商业空间的聚合形式在某种程度上（不完全）对应于不同的收入群体。

根据上文所阐释的对自然和建筑环境的分析、规划、管理、服务的商业景观设计概念，商业景观研究对象即对综合购物中心景观（包含商业广场景观）、商业街

---

❶ 全国高校景观学 (LA) 专业教学研讨会会议纪要 [EB/OL] (2008-5-31) [2019-10-9]. http://www.hm160.cn/html/5543733.htm.

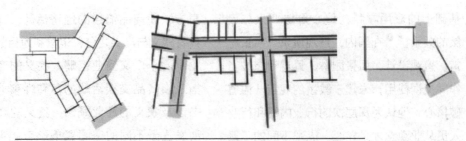

图1-3

城市商业空间的典型类别图例：综合购物中心（含商业广场）、商业街和零散小规模个体

景观和零散小规模个体商业景观的自然和建筑环境的设计形态语言的研究，并将其设计的形态语言表达置于消费社会的大语境之下进行解析。此外，从商业的贸易活跃度、集中性和典型性来看，可区分为一般性和中心性。《地理学大辞典》以相对活跃的商业设施较密集的商业街道、栉比的商店定义商业区，以担负一定区域的商业职能中心为定义，又分为地方性和全国性两类。从设计形态的尺度、消费群体心理行为涉及面及与社会形态的直观显现强度考虑，本书着重选取具有较大影响力的当代商业景观案例。

　　综合购物中心（包含商业广场）又称"统筹规则"的购物中心，源自英文"shopping center"和"shopping mall"，购物中心还使用"plaza""square""pavilion""hall"等词语。美国《零售词典》将其定义为整体开发和管理的零售商店和设施群，设置有宽敞的停车场且靠近主要干道。按其规模和机能分为：邻里型购物中心、社区型购物中心、地区型购物中心和超地区型购物中心。美国国际购物中心协会（International Council of Shopping Centers）对其特征的概述中强调实现综合性一站式购物体验的特征，其平面布局呈点状或片状分布。综合购物中心的商业景观与整体的大规模建筑群具有整体性，有室内和室外景观，注重与购物中心建筑空间的融合，功能上需要配合消费者的一站式综合购物体验。商业街景观由街道路面、设施及周围环境构成。人们可见的铺装、绿植、雕塑装置、街具、街铺建筑等共同构成了商业街景观的设计要素。商业街景观由于动态走向较为确定，因此更具有时空的连续性。基于商业街景观与城市空间的开敞关系，作为"视线走廊"和"生态走廊"的步行街景观更重视与城市空间的融合性。零散小规模个体商业景观主要体现功能与绿化效果，这类景观表现强度较弱，着重于铺装、构筑物、材质、绿化等元素。

　　回顾景观设计史，少有能载入景观史册的商业景观作品，也鲜有权威的商业景观概念的界定，这与商业景观文化性和自身体系的薄弱有一定关联。追溯西方商业景观的历史，从最早古希腊、古罗马时期被赋予投票、辩论、公众展览、体育和游行的规则几何样式的商业景观雏形——图拉真广场（Trajan Forum, Rome），到中世纪和文艺复兴时期逐渐过渡为街道两旁的线性商业街雏形，到18世纪工业革命后期社会变革与发展下街道形式的商业景观的畅旺，再到20世纪"汽车文化"推动下规模巨大的综合式商业购物中心景观的发展，其形态经历了理性主义主导下的"均衡而规则"到当下"多元""错综""夸张""新奇"的形态主流表达，商业景观形态语言的动态性发展体现了社会语境嬗变的影响力。直至今日，全球化、信息化和消费狂欢的社会语境下，当代商业景观形态语言多样的崭新表达激发了强烈的探究动机。

1.4.6
形态语言

1.4.6.1　形态的概念

"形态"一词可拆分为"形"和"态"两部分。在《现代汉语词典》中，"形"的定义为：① 名词，形状；② 名词，形体；③ 动词，表现。"态"的定义为：① 名词，形状，状态；② 一种语法范畴。"形态"即"事物的形状或表现"。《辞海》将"形"定义为：① 形象，形体；② 形状，样子；③ 势；④ 显露，表现；⑤ 对照；⑥ 通"型"；⑦ 通"铏"。❶ 将"态"定义为：① 姿容，体态；② 情状，态度，风致。❷ "形态"解释为"形状和神态"。❸ 作为极具外延性的概念，它涉及社会与意识形态、心理学、语言学等范畴，事物形态的呈现形式靠不同领域的含义来界定。形态融合了形状与形象，是几何概念与心理概念的叠加。古语"内心之动，形状于外""形者神之质，神者形之用"❹ 阐述了形状与形态的关系。视觉层面的"形"主要指事物的形状、大小、方向、肌理等属性，通过主体的审美参与和感知这种视觉层面的"形"，并激发生理的反应与心理的判断，从而实现物体神韵与形象的结合。

对形态进行分类是系统认识形态概念的一种方法。形态的分类可以选取多种观察侧面，概括起来可以从感知方式（perceptual mode）、空间维度（spatial dimension）、感知程度（perceived degree）进行分类展开。感知方式角度可展开为具象与抽象形态；空间维度可展开为平面与立体形态；感知程度可展开为积极与消极形态。从人类知觉关系密切程度来划分形

---

❶ 辞海. 语词分册：下 [M]. 上海：上海人民出版社, 1977: 844.

❷ 辞海. 语词分册：下 [M]. 上海：上海人民出版社, 1977: 1691.

❸ 辞海. 语词分册：下 [M]. 上海：上海人民出版社, 1977: 844.

❹ 孙实明. 简明汉—唐哲学史 [M]. 哈尔滨：黑龙江人民出版社, 1981: 163.

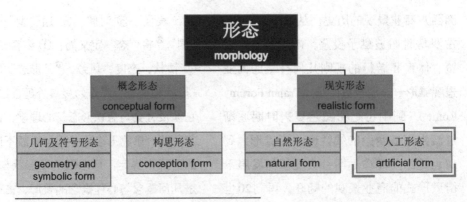

图1-4

人类知觉关系密切程度的视角下形态的分类及本书的研究范围

态是目前较为科学且具有实用性的分类方法，并且体现了形态创造的过程与结果。形态可划分为概念形态与现实形态，其中现实形态下的人工形态为本研究中当代商业景观形态的定位点（图1-4）。自然形态强调自然法则下生成的可视可感的高山、溪流、树木等。人工形态是指人类对自然物质资料有目的地加工而形成的具象或抽象形态，它又可细分为三维形态和二维形态，是人类主观意识下创造的产物。设计领域的形态学研究是对造型和图形的视觉化倾向进行探索。本书的研究对象"商业景观形态"即商业购物空间景观的人工几何形态，它归属于视觉艺术，同时受社会语境的影响，它的身上承载着社会、市场、文化、审美等内容。因此，当代商业景观形态语言既为人们营造了可观、可用、可感的高品质城市休闲购物环境，又成为时代观念和社会精神的昭示者。

1.4.6.2 商业景观符号语言与文本

作者通过语言实际运用创造成型，但未进入接受过程的产品称作"文本（text）"，由词成句，句进行语言衔接与意义连贯性的加工形成具有自足系统的"文本"，它包括主题、人物、情节等。"文本"与流通接受过程中的"作品"构成了使用上的区别，"流通与接受"实现了"文本"的价值意义；同时，随着时间和历史进程的变迁，文本无限演绎着，其意义也不断变化着。写作文本随着时代和写作工具的进步呈现出不断演变的动态性；从文本的内部结构看，符号与符号间特定的衔接关系构成了特定的文本结构。在上下文的内语言环境与外语言环境的限定下方能对文本进行准确的把握。基于所述"文本"的特点，消费社会语境下的当代商业景观与语言文本的属性具有较为一致的对照关系（图1-5）。这种类同性体现在四个方面：首先，当代商业景观本身是具有系

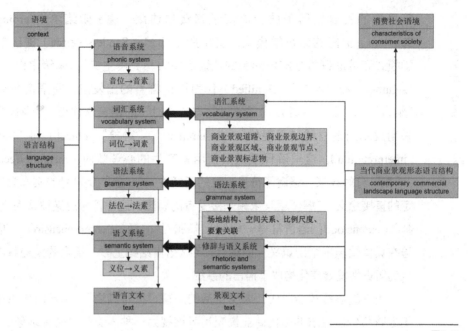

图1-5
语言与设计形态语言体系的比较

统的文本的，它反映社会语境并表达时代精神。其次，它的设计形态语言构成了景观文本，商业景观设计的形态语言可对应于语言文本的语汇、语法、修辞和语义。再次，当代商业景观设计文本价值意义的实现也有赖于"流通与接受"。最后，则是商业景观文本与语言文本一样，都具有无限衍义的动态性，无论是设计的意义本身还是设计表达与实现的"写作工具"，当下信息时代的技术发展对设计的支撑正是对此的阐释。将读者对语言文本的阅读与消费者对商业景观设计文本的解读对照，同样是基于不同价值观、各异的成长生活经历、差异化的教育背景等的主体对"文本"进行主观加工阐释的过程。因此，将商业景观类同于语言文本正是基于语言

学的研究方法，即对消费社会"语言语境"下的当代商业景观人工形态的语汇构成、语法组织、修辞手法和语义表达进行深刻的剖析与探究。

此外，对当代商业景观形态采用语言符号学研究方法的基础在于将消费社会"同谋角色"的当代商业景观视为一种符号。符号（sign）的定义是携带意义的标记，即"一物（事物）代一物"，符号与意义具有锁合关系，任何意义活动都建立在符号过程之中。符号根据其"物源"可以分为自然事物、人造器物和人造"纯符号"。符号学（semiotics）就是意义学，是对于表达、传播、接收和理解的学问。❶

❶ 冯月季. 传播符号学教程[M]. 重庆：重庆大学出版社，2017：3.

符号学的发展经历了瑞士语言学家费尔迪南·德·索绪尔（Ferdinand de Saussure）提出的语言学模式、皮尔斯（Charles Sanders Peirce）提出的修辞学模式和苏联符号学家巴赫金的"语言中心马克思主义"。索绪尔以"能指"（signifier）和"所指"（signified）作为讨论符号的出发点，将语言关系分为"组合"与"聚合"并提出"历时"与"共时"的语言学观点。❶当代符号学采用皮尔斯创立的"再现体"（presentment）、"对象"（object）和"解释项"（interpretation），这里解释项是指使用者产生的心理效应（mental effect）。将"所指"分解开来，强调了符号表意的延续性。"对象"是符号的文本意义中确定的直接意义，"解释项"依赖于接受者的思想。这里符号意义被认为是"'外延'（extension）：语言符号一般意义"和"'内涵'（comprehension）：语言符号在具体情境中个别意义"的结合。❷从语言结构上看，语言的结构系统和语言的历史性发展变化构成了语言的系统。

当下的消费社会时代，人类生活的周遭"符号满溢"。昭示时代精神、审美趣味和价值追求的当代商业景观也可被视为一种人类社会文化现象的语言，语言的文本与商业景观文本具有类同性。因此，当代商业景观形态语言的研究可以类同于语言符号的系统。当代商业景观符号体系的构建即商业景观设计创作的行为，消费者产生的"解释项"即商业景观所产生的观感效应。在商业景观符号语言体系下对符号进行观察、体验、联想、升华的过程即融入并感知设计的过程。因此，对消费社会语境下的当代商业景观符号语言体系的研究，有助于从宏观的视野把握其成因、特征及意义。

---

❶ 费尔迪南·德·索绪尔.普通语言学教程[M].高名凯，译.北京：商务印书馆，1980：123.

❷ 丁尔苏.符号与意义[M].南京：南京大学出版社，2012：59.

第 **2** 章

当代商业景观设
计与消费社会的
内在关联

　　20世纪60年代以来，西方社会步入了消费社会，人们在极度膨胀的消费欲望指引下享受着丰裕的物质，日常生活及心理行为方式与意识形态都发生着巨大的转变。同时，消费社会系统呈现出消费象征化、符号化、审美化和快感化的特质，与前消费社会相比呈现出多层面的巨大差异。伴随着全球化浪潮的推动和信息技术的发展，除了西方国家，全球其他地区包括中国都受到不同程度的影响，中国也成为商品消费的"新战场"。消费社会的时代语境对消费"同谋角色"的当代商业景观萌生了新的物质需求、符号需求和审美需求，同时数字化信息技术于景观领域的运用为当代商业景观设计的分析和呈现提供了更多的可能。当代商业景观的形态语言正是对全球化时代的消费社会形态变迁产生的自主与外力的反应，其形态语言的隐喻、象征和多义凝聚了对消费社会多层面的诠释。

2.1 消费社会的时代语境

当下，全球化风暴正席卷人类生活的各领域，并随之带来多元的价值倾向。这一国际社会的热门话题涵盖全球信息网络、全球生态系统与保护、世界范围的移民潮、全球经济一体化等，第一个真正的全球性时代已经到来。[1]人们跨越着空间、制度、文化的屏障，在信息技术的支撑下实现了全球范围的沟通，达成了无阻碍的共识和同时空的行动，多元的融合成为当下核心的发展趋势。随着全球化的加深，全球的力量格局呈现出多极化和分层化的复杂趋势，全球多极化取代了两极化格局。[2]信息技术的发展作为全球化必不可少的物质基础，也颠覆了人类的时空观念，消除了真实和虚拟的界限。人工智能（Artificial Intelligence）撼动了人类的中心地位，计算机技术的发展导致稳定的大环境已经过去。随之涌现出非线性、复杂性、具有动态开放性的科学研究，它们由系统论时期过渡到了复杂性时期。全球化与信息技术合力产生了高效的生产力和新的媒介传播方式，开创了全新的购销渠道，工业社会固有的拜物逻辑被凸显。全球化、信息技术和市场经济成为消费社会发生的客观机制，消费社会人们的生活方式、价值观、文化等都呈现出巨大的变化，社会因素同技术和艺术因素共同构成了引发设计变化的因子。全球化时代的社会形态呈现出巨大的变革，随之即引发了当代商业空间和商业景观设计价值诉求及设计形态语言表达的嬗变。

2.1.1
全球化的浸透

当今，全球化浪潮席卷全球，"全球化时代"（Global

---

[1] 吴增基, 吴鹏森, 苏振芳. 现代社会学[M]. 5版. 上海: 上海人民出版社, 2014: 315.

[2] 周水根, 李全根. 21世纪全球经济格局展望[M]. 北京: 中国经济出版社, 2000: 17.

Age）成为当下的时代语境之一。狭义的全球化（globalization）特指经济方面；广义的全球化涵盖了世界不同国家、民族和地域的文化、意识形态、生活方式等多层面在全球经济基础上的相互影响与关联。追溯其来源，1967年，加拿大传播学家马歇尔·麦克卢汉（Marshall McLuhan）在《理解媒介：论人的延伸》一书中首次提出了"地球村"（global village）的概念。社会文化形态的变化及人类交往沟通的方式促成了"地球村"的呈现，全球化的概念随后兴起。1985年，美国学者T.莱维提出了"全球化"这一术语。❶2001年，英国思想家齐格蒙特·鲍曼在《全球化：人类的后果》中将"全球化"认定为世界不可逃脱的命运，是无法逆转的过程，所有人都在被"全球化"。金融资本、经济贸易、信息技术在全球自由化流动与蔓延，这是狭义的资本、经济因素的全球化概念。从广义上看，由于经济的市场化、文化的同质性、高新通信技术的支撑等使得全球紧密性和一体意识日渐增长。即全球化跳脱了经济层面的特指，而核心在于时空的转换。技术、市场、旅游和信息的全球化趋势，也带来了价值、人权、自由、文化和民主"普遍性"的消亡。因此，本土化的生存呈现出全球化背景下的重要意义。

当下全球化体现在经济、政治和文化

❶ 赵登明.简明中外通史：下[M].插图版.长春：吉林出版集团吉林文史出版社，2012：796.

三个维度的征象。经济全球化作为全球化的基础，当下的全球贸易具有了自由性，资本主义经济机制操纵着世界经济组织，商品价格与大众需求呈现同质化。政治全球化方面，政治民主化浪潮持续高涨，在这股浪潮推动下的国际政治秩序呈现复杂性与不均衡性。民族国家的界限意识随国际市场的融合与跨国资本的全球配置而逐渐淡化，同时一股全球化政治的反作用力带来了当下政治经济竞争的紧张态势，政府的管理职能在此局面下日趋强化。文化维度上看，本质主义渐渐被消解，多元文化成为当下的共识，当下世界范围内文化的传播和融合与全球化程度呈正相关，全球化的广度、力度、久度直接关乎当下文化交流的广度、密度与深度。全球范围内的不同文化间相互碰撞与融合，同时，全球化取向的多元文化与个别的一元文化也发生着相互间的对话与交融。

如何既保留文化的敞开性与交汇性，又能保持民族文化的相对独立性，则凸显了本土化的重要意义。全球化背景下，"麦当劳化"用来描述文化与产业模式对其他领域的扩张性。这种美国著名快餐店式的原则与标准已经扩张至美国社会甚至全球范围内的其他部门，都形成了一套统一"配方""工艺""流程""营销策略"与"经营"模式，戕害了价值选择的多样性，湮灭了人的精神灵性。这一"全球化"影响下的例证凸显出"本土化"探讨具有保存民族与世界多样性的使命。从现代性看，"全球化"与"本土化"都与其有着密切的关联，"本土化"正是出于应对晚期的现代性危机而产生的。如何运用本土的积累和历史过往文化认知与西方强大控制力的知识、权力体系相博弈，建立本土性的政治、经济、文化探寻，当下需要的是全球的普适文化与本土的传统文化并行融合的"双文化"状态。中国本土的设计者亟需能承载起民族的使命与责任，实现本土化语境思考和民族文化自信，让中华文明在全球化语境下发声，营造一种生态、经济、历史、文化和谐共生的活态理想城市购物空间和商业景观营造。

2.1.2
信息化的泛滥

人们的感受、认知方式随着信息数字化的传播与应用而呈现出巨大的转变。全球范围信息浪潮的迅猛势头，昭示着信息与传播时代的到来。当代美国思想家丹尼尔·贝尔和阿尔文·托夫勒（Alvin Toffler）分别在其著作《后工业社会的来临》（*The Coming of Post-industrial Society*）和《第三次浪潮》（*The Third Wave*）中都描绘了我们身处的这个全新信息与传播时代的创新和变革。马克·波斯特（Mark Poster）将以互联网为媒介的当下定义为"第二媒介时代"，它呈现出没有传播中心的"信息超级高速（information superhighway）"式散点交流模式，短暂性与即时性成为其新的特征。同时人们作为"消费者"与信息的发送者进行着多元价值呈现的平等自由交互，这种交互过程也衍生出对多元价值观的包容性。信息技术带来了更加无休止延伸的审美变异，体现出对新、奇、特非主流形态的融合性。除此之外，人类的学习、生活与工作都融入了电子信息技术，"信息时代"正全方位地介入到人类的各层面。

曼纽尔·卡斯特尔（Manuel Castells）在《信息化城市》（*The Informational City*，2001）中从城市的层面阐明了信息革命挑战社会结构的同时对生产、社会和城市及区域空间关系的变化产生的巨大影响，信息技术这一强劲手段即一种复杂的社会经济和技术变化模式；威廉·米切尔（William Mitchell）在《我++：电子自我和互联城市》（*ME++:The Cyborg Self And The Networked City*，2006）中提出比特（binary digit，信息的基本单位）和原子（atom，物质的基本单位）之间的"试分离状态"已趋于消解，物理空间中的事件与电子空间中的事件呈现出相互映射的关系。新城市状况表征下的设计、工程和规划都需要与其重新匹配；弗兰克·凯尔奇（Fnark Koelcsh）的《信息媒体革命：它如何改变着我们的世界》（*The Infomedia Revolution*，1998）在解释变化本质的同时构筑了理解变化的框架，并提出信息技术在改变工作、学习、娱乐方式和日常行为准则的同时对新道德和伦理产生了巨大影响。阿尔文·托夫勒在《创造一个新的文明：第三次浪潮的政治》（*Creating a New Civilization*，1996）中从经济、政治、文化三方面阐释了崭新文明的特征，崭新的世界观和时空、逻辑准则方法对应全新具有有形资源替代性的知识含义。马歇尔·麦克卢汉在《媒介即按摩：麦克卢汉媒介效应一览》（*The Medium is the Massage: an Inventory of Effects*）中用艺术的戏言阐释了信息媒介的强大影响力，他将"message"（信息）变形为"massage"（按摩）、"mess age"（混乱的时代）变形为"mass age"（大众的时代），媒介对人的改变如同按摩是阈下的、潜移默化的，既是人的延伸又使人麻木，人类的一切都直接或间接地被触及并改变。

伴随人们生活及观念的嬗变，传统文化由平稳运行的状态进入高速的多向度混沌状态。在信息时代技术的支撑下，全球呈现出与创造性混沌的共鸣，人们对真实的依赖感被信息技术的介入打破。"混沌"由一种科学世界理论演变为一种蕴含多元化意味的设计态度，与僵化的、无趣的、秩序感形成对立。这种混沌的创造性方式带来更丰富的构想资源，并与现代科学和

后现代文化的多样性与复杂性形成呼应。当下创造性混沌成为设计界先锋的主题，例如仓俣史朗（Shiro Kuramata）以繁杂的形式和色彩表达混沌思想，扎哈·哈迪德（Zaha Hadid）的建筑作品亦表达着对混沌复杂性的深度思考。混沌越来越成为一种时尚，被用来表达对单一既定的反对。社会结构呈现扁平化与分散化，当下与创造性混沌设计生存的多义、复杂、不确定相契合。这种创造性的混沌设计产物成为消费社会下人们热衷的消费对象，不再曲高和寡，而是与人们内心感受与直觉体验形成了共鸣。信息时代的"参数化""大数据"等技术手段也为此提供了准确性与创造性支撑。当下信息时代多元意味的混沌设计观全面迎合了人们的"混沌"生存感。

当代商业景观作为经济、社会、市场、文化的动态呈现者，其形态的表达与社会技术层面具有紧密的关联。信息化社会带来的复杂性对当代商业景观设计策略产生了直接影响。信息数字化为人们带来极大便利，为当代商业景观设计带来更多构想资源的同时也引发了诸多弊端。从社会分化上看，信息时代消解了人类活动的时空局限的同时也激增了社会分层的差距性。信息时代促使财富更快地聚集至发达国家和新富豪的囊袋内，这更进一步加剧了全球化背景下的社会差距，商业景观沦为了信息化时代文化内涵丧失的利益营销同谋者。从社会个体来看，越来越多的人呈现出病

态化信息网络成瘾现象，脱离了信息网络，人们丧失了一切能力与意愿，对现实人际关系、学业、事业造成了巨大影响。对虚拟的沉迷泯没了对真实世界的关注，淡化了现实商业购物景观体验的动机。从设计的影响上看，计算机辅助设计表达逐渐取代了设计师脑、眼、手协作的传统设计表达方式，造成手工美感呈现的丧失，并且可复制的便捷性导致图像视觉雷同状况的蔓延。信息时代的种种影响下，"混沌"生存的景况正在蔓延。数字化信息技术既像一张大网网罗全球事件，又像植物的根系渗透至当代社会生活的细微之处。

当代商业景观设计和形态语言表达也身处信息数字化时代的大网下。当代商业建筑与商业景观需要跟随时代的发展，顺应人们的精神与生存状态，既把握信息数字化技术带来的便利，又应对其伴随的危机进行反思。信息数字化语境下蕴含多元化意味的混沌创造性方式为当代商业形态语言带来更丰富的构想资源的同时，也为其设计的数据采集、分析、模拟、呈现、建造提供了理性支撑，以计算机突破了人脑的局限。商业景观设计本身就是综合复杂的系统，是自然场地与人为加工的融合、形而下学与形而上学的统一。因此，信息技术的介入突破了单一个体的局限，实现了感性与理性的协作。这种信息技术理性支撑下的当代商业景观呈现能够更好地与数字化围绕的人类建立心理与行为的动态性匹配。数字景观时代下的当代商业景观形态语言表达将为人类的城市生活增添更为多元的体验与便利。

2.1.3
消费的狂欢

景观是自然、人工和社会环境的综合呈现者，消费空间中的商业景观形态更是与社会生活、文化、经济、市场等密切相关。当下，财富迅猛地增长与集聚，丰盛的商品与物质牵动着以消费为中心的生活方向，这种消费的生活方式背后蕴含的是一种意识形态。❶ 与此同时，全球传媒为人们提供了丰盛的"信息大餐"，随之而来的是普遍的折中主义。"祛魅"世界的传统价值和权威被消解了，丧失终极理想的人既轻松又沉重，社会财富的增加加剧了丧失存在感的

---

❶ 朱祥海. 消费社会的幻象及其解构：一种法伦理学进路[M]. 石家庄：河北人民出版社，2015：16.

焦虑情绪。因此，消费这一通行的价值观为人们建立起新的生活追求，无尽追逐着时尚与潮流。消费社会成为当下最繁华的时代景观。人们由农业社会物资产品匮乏的节俭主导型消费意识进入工业社会的积累主导型消费意识，再到当下物质满溢的消费社会的消费狂欢。消费社会中的本质体现为一种社会"身份的级差系统"，消费品的符号象征对人进行表达，符号的象征取代了人的本真，这便是消费社会消费幻象建立的基础。消费社会象征性仿象体系下的消费符号和广告传媒信息的轰炸，导致了社会身份和消费者情感精神的破碎。社会身份的构建依赖于一种空虚的消费社会符号象征，消费者的空虚与迷失需要用消费欲望带来的"幻觉的陶醉欢欣"来抗拒真实。至此，消费脱离了简单与理性。消费社会的人们体会到能以某种方式重新定义、书写、表达自我的身份，徜徉于消费的场所，追逐时尚，以非理性的狂欢状态跟随消费社会符号的象征性系统。正是消费社会的时代特征与影响构筑了多层表达的当代商业景观形态。

19世纪60年代后，第二次工业革命中科学与技术的结合极大地推动了生产力的发展，美国、英国及西欧其他国家在福特主义之后相继进入了现代意义的大众消费模式。同时，商品的丰盛加上商品及流通方式的发展极大地促成了消费主义文化的形成。随着新教伦理的解体，取而代之的是以分期、信用消费为手段的享乐主义

新价值观。20世纪初，按照美国经济史学家罗斯托的理论，美国的经济趋于成熟并走向"大众高消费阶段（The Age of High Mass Consumption）"，从而形成了消费社会，物质极大丰盛的时代带来商品极度消耗的同时极大满足了资本主义的发展。当时充当消费"助产士"的媒体通过营造主流"舆论环境"等方式向公众传播全新的消费观念与方式。20世纪30～50年代，人类处于极大的经济萧条与动荡之中，传播媒介发挥着灾难"解释者"的角色，并出现了影响当代消费者文化、心理的媒介角色所具有的雏形。电视、电影、广告、超级市场等因素都极大地诱发了炫耀性、奢侈性、时尚性和新奇性的物质享受型消费主义经济与文化现象。此时消费的意义超越了消费物质实体本身，以符号作为一种象征意义的传达，物质的消费转变为精神的消费，符号消费（consumption of signs）呈现出"超现实"（hyperreality）的"景观"消费场景。资产阶级将刺激消费列于资本积累之前，消费主义成为主导的消费理念。20世纪60年代，正如利奥塔（Jean-Francois Lyotard）认为计算机、数据等技术的运用引发了合法的危机。对现代文化的否定带来了生命意义的迷失，在消费的作用下，商品化趋势控制了人类意识，文化成为商品，高雅与通俗这两种昔日对立的文化消解了界限，文化生产与商品生产融合了，消费社会的消费文化成为后现代主义和后现代消费文化的总体模

式。❶彼德·科斯洛夫斯基（Peter Kozlovskiy）将此时的消费社会文化归纳为由大众消费向审美与文化消费意义的过渡。❷而消费产品的功能成为设计、交往与符号的相互置换。此时的媒介以留有个性化空间的设计取代了传统"点对面"的方式并构建着"现实"，它与消费文化共同构成了后现代理论的肥沃土壤，后现代"解构"的思想也在当时多元的消费文化表征中得到显现。20世纪80年代后，这种消费社会的消费文化与模式在全球化的浪潮下蔓延开来。90年代后，伴随着全球化和中国的市场经济体制改革，消费主义逐渐在中国传播开来，当时随处可见以激发消费欲望为目的的商业信息，媒介借由传达美好的生活方式向人们兜售消费主义观念，"优雅""富裕""成功""年轻"等象征意义被广告"拼贴"于商品的符号之中，打开的国门、传媒、科技、商业的联姻加速了中国大量消费时代的早熟。

当下，"非理性"一词较准确地描绘了消费社会语境下人们普遍的生存状态。消费社会消费的异化状态与消费社会呈现幻象的机制，都将人类置于非理性生存的境地。拥有平等消费权的消费社会表面上构成了一个无差异的局面，实质上标志社会身份的商品符号却剥夺了人们欲求和需求的自由性。消费者因物所属的阶层、符号所表达的含义而被无意识地分化了，商业逻辑对人进行分类和编码。这种本身非理性的消费社会本质机制，将人们导向了一系列非理性的意识与行为。如何通过消费"符号"来摆脱自身所属的阶群或进入更高级的群体成为人们非理性行为的动因。非理性的炫耀性消费、时尚性消费、过度消费、一次性消费等又引发了一系列环境、资源、道德、价值观的危机。消费社会的非理性发展带来的是人们非理性的物性"自然状态"：无止境的动物般的欲求、财富主义当道的唯利是图、快乐主义的空洞生活等。人类的幸福与健康直接与商品的挥霍消费关联，为了获得社会价值与身份的认同，不惜以超负荷的代价来换取，这更是非理性疯狂的写照。文化的缺失与价值观的偏差也将商业景观的发展指向了歧途。

当代商业景观体现时代生活、文化与意识形态。当文化成为虚假的营销策略与消费推动力时，文化本身就走向了商品物化的过程。当商业景观借助文化塑造自身的同时，文化也进行着自我重塑，即随处可见"日常生活审美化"状

---

❶ 杨魁，董雅丽. 消费文化从现代到后现代[M]. 北京：中国社会科学出版社，2003：167.

❷ 科斯洛夫斯基. 后现代文化技术发展的社会文化后果[M]. 北京：中央编译出版社，2011：125.

况，艺术价值委身于商品经济之中，形成了文化消费品。特里·伊格尔顿（Terry Eagleton）认为这种无深度、无中心、游戏的、模拟的、多元主义的艺术文化模糊了高雅文化与大众文化的界限，❶大众与精英文化的界限随着消费的大众化的深入而消解了，精英文化不再只是展示于艺术殿堂的"玻璃盒"内，而是走向了生活，妥协于消费主义的大众文化艺术与传媒相结合，呈现出意义隐退与价值解构的影像。当代商业景观的形态正是消费社会与大众文化共同作用的结果，是非理性的消费社会和非理性生存的映射。

---

❶ 特里·伊格尔顿.后现代主义的幻象[M].华明,译.北京:商务印书馆,2000: 1.

20世纪60年代以来,有关全新社会构型(formation)的西方社会理论呈现一片繁盛之势,如丹尼尔·贝尔的"后工业社会"、让·鲍德里亚的"消费社会"、居伊·德波的"景观社会"、利奥塔即让-弗朗索瓦·利奥塔的"后现代社会"(post-modern society)等,其中关于消费社会的论述被研究者广泛地涉及社会与文化方面的著述中。西方社会结构发生由生产主导转为消费主导的变迁,正是这种消费社会经济、文化、价值观等多方面的震荡,为理论学者们提供了丰厚的思维素材与研究基础。消费社会学理论研究的对象极其丰富,涵盖了对消费具有影响的各种社会学因素。其中包括了消费与社会结构视角、消费与大众艺术文化审美的视角和社会化层面的消费者行为与心理视角。

关注消费现象和文化的消费社会理论研究主要集中于20世纪60年代后,但美国经济学家托斯丹·邦德·凡勃伦(Thorstein B. Veblen)的《有闲阶级论》(*The Theory of the Leisure Class*,1899)与德国社会学家格奥尔格·齐美尔(Georg Simmel)的《时尚的哲学》(*The Philosophy of Fashion*,1901)、论文《都市与心理生活》(*The Metroplis and Mental Life*)早在19世纪末20世纪初就研究了关于消费影响下的社会生活、审美及阶层的问题。齐美尔对消费生活的研究极具后现代属性。凡勃伦的理论研究虽未出现"消费社会"一词,但其中蕴含的将消费作为社会权利内部关系的构成部分的丰富思想乃消费社会理论研究的发轫之作。20世纪中期,法兰克福学派(Frankfurt School)学者埃里希·弗洛姆在《逃避自由》(*Escape from Freedom*,1942)和《健全的社会》(*The Sane Society*,1955)中概述的人的本性理论中人的性格理论;马克斯·霍克海默(M. Max Horkheimer)的《现代艺术与大众文化》(*Modern Art and Popular Culture*,1941)阐述的大众文化对现代艺术的摧毁;赫伯特·马尔库塞的《单向度的人》(*One-dimensional Man*,1964)阐述的具有社会压抑性的艺术大众化与商业化趋势是导致人和文化单向度的重要成因;西奥多·阿多诺的（Theodor Wiesengrund Adorno）《论音乐的拜物教特性与听觉的退化》（*On the Fetishism of Music and the Degradation of Hearing*，1945）阐述的"社会性声音技术"对音乐的物化冲击等。其中提出了批判性的"虚假需求"与"消费异化"等命题。法兰克福学派因其对现代文化与消费异化现象持有着消极的态度而被视作精英主义式的批判。

消费社会理论研究的繁盛阶段于20世纪60年代到来，其中包括让·鲍德里亚系统的"消费社会"理论，他在《物体系》（*Le Système des Objets*，1968）、《消费社会》（*La Société de Consommation*，1970）、《生产之镜》（*Miroir de Production*，1975）、《象征性交换与死亡》（*Symbolic Exchange and Death*，1976）中借助语言和符号理论透彻阐述了西方社会的结构变化、消费社会的运作逻辑及消费文化带来的深刻社会意义；"文化上的保守主义者"丹尼尔·贝尔在《今日资本主义》（*Capitalism Today*，1971）、《后工业社会的来临》（1974）、《资本主义文化矛盾》（*The Cultural Contradictions of Capitalism*，1976）等著作中阐明了消费社会成因、特征及消费文化影响，并认为从经济上看大众消费和资本主义市场体系带来了资本主义文化的危机和享乐主义生活方式；在英国传统社会受到"美国化"冲击的背景下，英国文化研究学派展开了"美国化"影响下的消费生活、意识与文化的相关研究，并且受大卫·理斯曼的研究影响，延伸出广告

对人内在性格的巨大改造力；万斯·帕卡德（Vance Packard）在《隐形的说客》（*The Hidden Persuaders*，1961）中揭露了广告业如何诱导操纵（manipulating）消费者意识水平之下的购物决策的，从而担当"隐形的说客"。还有部分研究理论基于电视、电影等文化商品产生的意识形态效应。作为凡勃伦和齐美尔社会阶层研究的延续，皮埃尔·布尔迪厄揭露了消费的差异策略机制、社会身份构建功能性和文化场域符号的斗争性，他在《区隔：对趣味判断的社会批判》（*Distinction: a Social Critique of the Judgment of Taste*，1976）中以大量实例证明日常消费与审美消费的界限消解了，消费主体对应的社会和文化空间对日常与审美消费具有明显的关联制约性。

20世纪80年代以后，心理学、行为学、人类学、社会学、历史学、哲学等不同学科汇入消费社会学理论研究领域。美国全球发展与环境研究组织（Global Development and Environment Institute）的尼瓦·古德雯（Neva R. Goodwin）、弗兰克·阿克曼（Frank Ackerman）和大卫·凯伦（David Kiron）三人对80—90年代期间关于消费社会政治、经济、文化的重要英文文献进行了庞大的摘要式整理，❶展现出消费社会研究事象之广。该摘要出版物分别从 scope and definition（范围和定义）、

---

❶ Tufts University[EB/OL](2017-6-2)[2019-8-10]. http://www.ase.tufts.edu/gdae/publications/frontier_series/consumer_society_toc.html.

consumption in the affluent society（富裕社会中的消费）、"family, gender and socialization"（家庭、性别与社会化）、the history of consumer society（消费社会历史）、foundations of economic theories of consumption（经济理论中的消费经济学理论基础）、critiques and alternatives in economic theory（经济理论中的批评与选择）、"perpetuating consumer culture: media, advertising and wants creation"（延续消费文化：媒介、广告与欲望创造）、consumption and the environment（消费与环境）、globalization and consumer culture（全球化与消费文化）、visions of an alternative（另一种选择的愿景）展开分类研究。其中也呈现出消费社会理论的交叉性所在，符号学和后现代主义理论方法都汇入消费社会研究之中。例如迈克·费瑟斯通的《消费文化与后现代主义》（*Consumer Culture and Post-modernism*，1990）阐述了消费文化影响下的后现代社会特征、詹姆逊《晚期资本主义的文化逻辑》（*The Cultural Logic of the Late Capitalism*）中的第396～419页的《后现代主义与消费社会》（*Post-modernism and Consumer society*）阐释了后现代主义与消费资本主义逻辑的关系等。通过对消费社会理论学者们观念的集结，体现出对异于传统的消费社会经济、社会、文化症候的思考。正如安东尼·吉登斯所言消费社会意味着一种新的社会体系的出现，并且随之带来了社会和文化的断裂感。

整体的消费社会学理论研究凸显了其具有批判性立场的研究特征。无论是凡勃伦的"炫耀性消费理论"、让·鲍德里亚对消费社会"符号象征性消费系统"的揭露，抑或是赫伯特·马尔库塞"痛苦中的安乐"的描述，都表达了对大众消费时代消费社会的批评。这种批判性的背后是西方学者对当下人们生存状况的忧虑，这些理论见解的成果对全球化语境下世界范围包括中国在内的症候具有重要的价值，是对当代商业景观设计时代建成环境研究的重要参考。批判理论以其对西方消费社会构成系统解读性的特质，而实现了对经济、社会和文化嬗变的全面分析，从消费社会意识形态、广告传媒相关理论和消费社会价值理论形成了多元时代的消费社会理论架构。

2.2.1
社会结构的视角——消费社会符号化

鲍德里亚的仿象（simulacra）概念与理论可追溯至其导师亨利·列斐伏尔。列斐伏尔将当时正在经历战后最繁荣的时期定义为"引导性消费的官僚社会"，即表明当时剥削形式已从榨取剩余价值转变为大众的消费，符号的消费成为物的消费的核心。在此基础上，鲍德里亚利用符号解读消费社会的理论极具代表性与重要性。他同时继承了弗里德里希·尼采（Friedrich Nietzsche）和米歇尔·福柯（Michel Foucault）追踪世系和解释认识体出现的系谱学批判方法，并将罗兰·巴特的符号学理论作为源头来解释消费社会现象。有"后现代主义牧师"之称的鲍德里亚发展了影响艺术、媒体、文化的后现代性理论，揭示了以符号消费为特征的"消费社会"的基本特征。鲍德里亚中后期的"仿象"理论思想贯穿其研究的主线，"无中心""无根据""无深度""模拟的""游戏的""高雅与大众界限消解的""个性的""非理性的"成为象征性符号的"仿真"消费社会系统结构特征。在鲍德里亚看来，消费社会下冷酷的数码世界是吸收了隐喻（metaphor）和借喻（metonymy）的世界，仿真原则战胜了现实原则和快乐原则。

鲍德里亚"仿象"理论的符号学理论基础包括了索绪尔的结构主义语言学和罗兰·巴特的符号学理论，并结合了马克思（Karl Heinrich Marx）的商品价值理论。索绪尔在《普通语言学教程》中将语言符号的两个部分分别命名为"能指"（signans）和"所指"（designatum），并且得出货币与语言词项类比下的商品交换功能和货币区分功能。即货币一方面可以在市场上用作特定价值的商品，另一方面可以与其他货币系统进行比较。一方面功能维度下语言词项则（能指）对应一个确定的指涉物（所指）。另一方面结构维度下字词的结构与区分决定了语言词项的意义。这又与马克思商品价值理论中的商品使用价值和商品交换价值实现了完整的类比关系，即商品＝能指符号、商品使用价值＝符号所指、商品交换价值＝符号结构组织。例如LV（Louis Vuitton，路易威登）品牌皮包，功能维度下的符号所指为一种存放个人用品的工具配件，但从结构维度的符号结构组织看，其品牌凸显了符号结构中的价值。罗兰·巴特又在此基础上进行了社会生活领域的拓展，他在索绪尔语言层次的基础上添加了大众文化意指系统的"第二层次"，即能指与所指共同表达符号意义，这一符号又作为第二层次的能指，在此他强调并验证了能指和所指具有的互换性，这种符号的潜在统治功能成为鲍德里亚揭示消费社会符号控制的基础。

鲍德里亚认为商品＝符号＝能指，所指＝商品使用价值，由于生产过剩的局面，马克思商品价值理论中的使用价值与交换价值的辩证统一关系瓦解了，生产过剩引发了价值的结构革命。使用价值为了价值结构的利益而呈现出商品结构性维度的独立。这种生产满溢的状况下，刺激人们的消费行为成为维持正常生产运转的前提，使用价值便不断弱化。还是以路易威登品牌皮包为例，它具有一定的使用价值，但更多的人们消费它是为了显示自己所属的阶层与品位，它的使用价值是鲍德里亚所说的代码支配阶段的"仿真"。这些没有所指的符号不再指称特定的对象，二元对立被消解了，交换价值的结构性维度位于消费社会的主导地位。这边是鲍德里亚所说的："仿真的意思是从此所有的符号相互交换，但绝不和真实交换。"从而仿真的使用价值替代了真实的使用价值。鲍德里亚将以满足欲望为目的的消费行为定义为消费主义，这特指对商品的结构性意义而言。这一系列人们消费意识与消费生活的改变造就了消费社会等级分化的加剧。"流通、购买、销售、对做了区分的财富及物品/符号的占有……这便是消费的结构。"❶人们对符号价值的攀附使得人的主体理性丧失，物品只拥有仿真的使用价值了。以上便是鲍德里亚对"消费社会"社会结构特征的阐释及"仿象理论"提出的基础。

鲍德里亚将现实中的"物"与"物的体系"对等到"符号"与"符号体系"。如此一来，物与物的差异变成符号价值间的不同，形成了对社会异化实质揭示下的"仿造""生产"和"仿真"三阶段，即仿象理论的核心（表2-1）。依赖以价值自然规律的文艺复兴到工业革命的"古典"时期为仿造模式，依赖以价值的商品规律为核心的工业时代为生产模式，当下受代码支配的阶段为"仿真模式"。它展现出人们身陷虚拟化的过程。在封建社会时期，鲍德里亚认为是一种封建社会的禁忌保护着符号能指、所指和所指对象的完整清晰性，符号强制地对应着等级秩序，任何僭越的符号模仿行为都是有罪的。例如《礼

表2-1　让·鲍德里亚仿象理论的三个等级

仿象等级	时期	仿象模式	依赖规律	特征
	种姓社会 古代社会 封建社会	强制	——	禁忌 崇尚"神"的意志
第一级	文艺复兴到工业革命 "古典"时期	仿造	价值的自然规律	技术理性 人为中心
第二级	工业社会	"生产"	价值的商品规律	多元 非理性 自我解构 开放自由 界定模糊
第三级	消费社会	仿真	价值的结构规律	
第三级补充	数字化时代后	超真实 （仿真的发展）	价值的分裂 （不存在）	

❶ 波德里亚.消费社会[M].刘成富,全志刚,译.南京:南京大学出版社,2000:71.

记》规定"楹，天子丹，诸侯黝"等，僭侈逾制的使用行为严格禁止于封建秩序的符号等级体系下，强制符号的背后隐含着封建等级秩序的限定符号，而仿造则使这一限定消解。仿象的第一个等级"仿造"模式则开始于文艺复兴运动，符号的确定性与等级性伴随着严酷封建秩序的解体而消解了，能指与所指的脱离意味着符号走向符号按需增生的自由状态。鲍德里亚用"仿大理石天使"的例子表达材料延伸基础上对过去严格限制的符号的仿造，"仿大理石是资产阶级的普罗米修斯式野心首先进入自然的模仿，然后才进入生产。"封建符号秩序的否定态度与对贵族生活的向往是并存的，且此阶段摆脱了等级秩序的中立符号体现着对自然的模仿。鲍德里亚的《仿象与仿真》中用自然的、自然主义的、建立在意象和仿造基础上的、自然的理想结构来描述第一阶段的仿象。仿造是针对实体与形式，还未涉及背后的结构关系。工业时代，仿象进入了第二个等级"生产"阶段，鲍德里亚所称的工业仿象是机器自动化生产下对系列重复的机械效率的追求，这与本雅明（Walter Benjamin）对留声机唱片这种机械时代复制艺术的描述一样。这一"系列再生产阶段"也是人异化和被机器控制的阶段，当时弗雷德里克·泰罗提出的"泰罗制"正是这一阶段的写照。与第一个等级仿象的相似性模仿不同，商品价值规律下的原型与摹本之间的差异不复存在了，呈现出理性化符号交换的机械复制时代特征，体现

出鲍德里亚将索绪尔语言学原理定义为一种现代解释学的缘由。仿象的第三个等级——"仿真"（simulation）是伴随着大众传媒的兴起而到来的，这一非理性阶段的社会属性已由生产转变为消费。鲍德里亚的《仿象与仿真》中同样对第三阶段作了特征的阐述，他认为第三阶段仿真是以信息、模型和赛博游戏为基础的超真实运作，以达成对消费社会的全面控制。

仿真超越了第一等级的仿造和第二等级系列的复制生产，呈现出代码支配的极端混淆性模仿状态，价值的结构规律处于主导地位。鲍德里亚将此描绘为"只有0和1的二进制系统那神秘的优美"，"所有的生物都来源于此"。即0和1的仿象构成模式不断调制生成仿现实的仿象。例如手机应用给人们推送某种品牌营造的使用后惬意优雅的生活姿态等，这种虚拟的"真实"成为人们追逐的目标，继而促成了消费行为的发生。原型被消解的仿象之下，能指和所指的二元对立关系消解了，呈现出任意的能指状态，仿象生成了真实，仿真的符码和模型控制渗透到了社会各层面。鲍德里亚在《恶的透明性》（The Transparency of Evil，1993）中额外对仿象的三个等级进行了补充，而在《象征交换与死亡》中并未提到，他将进入数字化时代的符号自构世界的仿象新秩序定义为第三阶段的补充，它是仿真模式的发展，数字化技术的介入下呈现出"超真实"的图片与影像。但他的这一补充仅局限于数字技术范畴，对整个社会并不具有

普适性。

　　鲍德里亚的仿真理论中将高新信息技术介入下的"完美"成为消费社会仿真的技艺、"时尚"成为仿真的表达、"大众媒介"视为仿真的工具。人们借助高科技来实现对人、物和生活完美的追求，从而进入完美的仿真世界。比如可以通过美容、基因干预等高科技手段达到一种更完美的状态。同时，产品对需求的满足实质是仿真的需求，时尚成为生产过剩状况的良药，人们丧失对使用价值的消费促进了时尚的兴起。符号在身体、物体乃至政治、经济、文化等方面由于生产的终结而实现了全面的自由，在符号仿真价值结构和时尚的双重作用下，时尚=符号价值≠使用价值，即所指消失了，同时，时尚+欲望=消费。例如时尚的运动手表，随着佩戴运动手表的时尚性潮流的兴起，最初读时间的使用功能弱化消解了，运动手表对心率和运动的追踪、呼吸放松引导等功能成为人们消费的动机，成为一种健康生活态度的表达，当某品牌产品升级出一种更新的功能时，便代表了一种消费的时尚。时尚以一种再生产的形式出现，一切以模式本身为唯一参照。可见人们周围的一切物品都进行着仿真的时尚化。差异符号的追求是仿真消费社会时尚性追逐的本质，人们希望以独特的符号显示其个体的不同，表达个人品位与社会地位。法国哲学家拉布吕耶尔（La Bruyere）将时尚的追逐描述为对少的东西或是某些人无的东西的追逐，这种时尚的激情与收藏的激情具有一致性。例如，对场所的消费，在一个独特时尚的空间饮茶与在路边饮茶没有实质性区别，但特殊的符号赋予了品位、生活态度等意义内涵，这是一种依靠符号价值对社会归属感的获得。具有"本能传染性"的时尚还具有"自我摧毁性"和"无法摆脱性"，将时尚作为消费因素就意味着伴随着下一个形式循环的到来商品无价值了。符号的时尚游戏又将每一个人纳入其中而无法摆脱这种代码的逻辑，为了反时尚而做其他选择的这一行为本身就成为一种时尚。因此，时尚在鲍德里亚看来是消费社会仿真的表达，仿真、代码和法则交织其中。

　　鲍德里亚将大众媒介作为仿真的工具，他的媒介思想与麦克卢汉具有内在关联性，他认为任何媒介的影响力都来源于新技术的延伸带来的新尺度。这种新尺度既体现在新技术结构下的新感知模式，又体现在媒介导向性作用带来的新社会结构。麦克卢汉还用"内爆"一词来描述当下信息爆炸的局面。鲍德里亚将媒介本身看作一种意识形态的思想与麦克卢汉的观点一致，并借用了"内爆"这一概念来描述意义的所指与丧失。媒介的"仿真"效果不再是单纯的复制或模仿，而是数字化信息技术支撑下的自我演绎繁殖，在信息传播过程中，符号的能指与所指二元对立关系消解了，"符号"与"符号"间的交换代替了"符号"与"实在"的交换，最终走向自由与多义。电子媒介呈现的图形内容成为漂浮的能指，呈现的内容不再遵循理性的逻辑，成为符号与代码的任意拼贴组合，通过组合游戏营造出比真实更可信的仿真世界，现实与超现实浑然一体。鲍德里亚还运用热力学"熵"❶（entropie）的概念来描述内爆，社会的表征物质状态无限地增加引发了界限的消解，呈现出混沌的无序性和多样性的消失。在大众媒介的多方面影响下，人们的行为和思想发生了巨大的转变。作为信息接收方的普通大众被单向性媒介执行着社会控制，主体在现实（reality）与超现实之间被消解了。

鲍德里亚的仿象理论实质是电子媒介促发的符号泛滥下"真"的隐退和消失的问题。它以现代技术为切入点，是对传统表征问题的追问，他彻底反叛了近代的主客体思维方式。消费社会的人们在感受大量有用信息的同时也必须被动接受大量漂浮的无用信息的冲击。这些消费社会的符号仅具有能指而丧失了所指，符号泛滥下观念与现实不再关联。曾经，"某个符号指向某种深层意义，并且相互交换，上帝充当着保障者的角色。"但在鲍德里亚仿

---

❶ 熵，热力学中表征物质状态的参量之一，用符号 S 表示，其物理意义是体系混乱程度的度量。克劳修斯(T. Clausius) 于1854年提出熵的概念，我国物理学家胡刚复教授于1923年根据热温商之意首次把entropie译为"熵"。

象理论的第三等级的仿真阶段中，"上帝"也成为一种符号，也在被模仿，信念成为一个符号的系统，消费社会整个系统成为一个庞大的仿象，符号次序（semiotic order）成为消费社会符号支配系统的本质，实用功能沦为价值结构中的象征意义等级，对符号象征的信仰操纵着消费逻辑。因此，消费社会仿象符号系统呈现出非理性、片段的瞬时性、模糊性和无根据的多义性，这也成为当代商业景观形态语言符码拼贴、语义含混、流动多元的根源性所在。

艺术文化的视角——日常生活审美化

"日常生活审美化"是费瑟斯通消费文化理论的核心，是对消费社会艺术文化视角的阐释。社会学与传播学教授迈克·费瑟斯通最早于"大众文化协会大会"（*General Assembly of the Mass Cultural Association*，1988）上的《日常生活的审美呈现》中系统地提出日常生活审美化（aestheticization of everyday life）理论。他跳脱了以往研究者的美学视角而将日常生活的审美呈现视为一个社会学层面的理论。与鲍德里亚提到的消费社会的符码影像相联系，费瑟斯通强调了总体性高雅文化和大众通俗文化间的风格混杂，并且艺术与日常生活产生了符码混合的

戏谑式效果，消费社会中文化的区隔界限消解了，随之人们沉浸于个性化的体验中。

费瑟斯通认为日常生活是未经分化的人类实践总体，并将日常生活审美化的意义划分为三个层次。第一层，指达达主义（Dadaism）、超现实主义（Surrealism）等艺术运动试图通过将尿壶等物品转化为艺术品来打破艺术与日常生活的界限，即艺术的亚文化（subculture）。例如马赛尔·杜尚（Marcel Duchamp）的作品《泉》（*The Fountain*，1917）、《瓶式大干燥器》（*Bottle Dryer*，1914，图2-1）等，这既是一种企图"展示艺术的神圣光环，又挑战其可敬的地位"，并且表达了艺术可以在任何地方呈现，如在"大众文化的残渣或堕落的消费品"中，甚至在反作品（anti-work）中。美国波普大师安迪·沃霍尔（Andy Warhol）将大规模机器生产的商品符号以高效的印刷复制技术呈现为艺术品，表达生活中的艺术无处不在，并且他的"工厂"画室大规模复制生产艺术文化作品（图2-2）。他的画作意在呈现一种单调、空虚与冷漠，与消费社会人们内心的焦躁与无奈情绪相契合。费瑟斯通透视了观念艺术、行为艺术等处于亚文化边缘艺术形式的商业化操作的中心化企图。与此同时，消费社会的大众媒体和广告的影像呈现也从达达主义、超现实主义等中汲取了艺术的方法。第二层，指把生活当作一个艺术谋划，是消费大众将生活转换为艺术品的企图，类似十九世纪后期奥斯卡·王尔德（Oscar Wilde）作品中的理想人物试图以各种不同的形式及多种不同的方法认识自我，并好奇于新的感受，这种审美消费生活的描绘和艺术生活塑造的双重属性某种程度上又与人们的消费及求新追求相对应。第三层，指广告和媒介作用下的社会充斥着各种符号和影

图2-1
马赛尔·杜尚的瓶式大干燥器

图2-2
安迪·沃霍尔康宝浓汤罐头

像。消费社会使人们对梦想的影像饱含欲望，对真实进行着美化和消解，这便是鲍德里亚定义的现实与仿象难以区分的仿真消费社会，无论是艺术还是真正的目的，都被超现实主义所吸引。艺术无处不在，因为艺术是现实的核心。因此，艺术是死的，不仅因为它的批判超越消失了，而且因为现实本身完全被一种与自身结构不可分割的美学所浸染，与它自己的形象混淆了。马克斯·韦伯（Max Weber）认为费瑟斯通以斯科特·拉什的作品为基础，主张消费社会文化的标志是现代"分化"（differentiation）的逆转和人物形象的胜利，这在电影、电视和广告中都可以找到，同时也主宰着消费文化本身。费瑟斯通日常生活审美化第三层的含义与鲍德里亚、詹姆逊论述的真实与影响的消解关系一致。鲍德里亚描述"超现实"笼罩下的艺术不再孤单，艺术的记号附着于任何事物之上，美学的诱惑无处不在。

费瑟斯通"日常生活审美化"的消费文化研究与齐美尔的时尚理论、本雅明的拱廊街研究、列斐伏尔的日常生活批判、鲍德里亚的消费社会理论等呈现承接关系，并以此为基石。费氏的日常生活审美化理论更关注的是后现代性于消费文化的表征。费瑟斯通认为由完全以通向自由为目的的审美转变为以当下消费社会的沉浸式愉悦为体验的消费性审美（也不排除前者），这种沉浸式的愉悦体验追求是后现代的普遍表征，并在消费的文化实践场所中分隔出符号象征性的阶级与区分。蕴含于生活中的审美化不是既定形式的呈现，它的形成过程即潮流或文化融入消费实践的动态延异产生下的消费文化才是消费社会文化的透视。费瑟斯通对作为日常生活审美化实践场域的"社会空间"赋予了一个时间的维度。消费社会的日常审美化现象表现为呈现变化性的阶层结构。他认为在时间因素影响下的社会空间是衡量个人风格（personal style）与生活方式（lifestyle）之间差别的一个最优维度。费瑟斯通这一动态的"社会空间"观与列斐伏尔的"空间实践""空间表征"和"表征性空间"三位一体空间结合体阐释和皮埃尔·布尔迪厄的社会空间位置间客观关系构型的"场域"是不同的。各种不同的社会行为与惯习将"社会空间"分化成差异多样的"小空间"。这些"小空间"的审美趣味同时受到社会、历史、文化因素的影响。因此费瑟斯通阐释的"新社会空间"中涉及了动态的影响因素，这便成为解析特定审美成因及消费潮流趋势的基础。它还可以成为解释一些社会表象的分析工具：主流艺术家与外围新来者的斗争；全球多元文化兴起与外围新来者的新游戏策略企图之间的联系；消费社会信息流通的迅猛等。这种动态的社会、历史、文化等外围因素相互影响下的惯习"小空间"构成"新社会空间"即日常生活审美化的空间概念。

费瑟斯通在《消费文化与后现代主义》（Consumer Culture and Post-modernism）中用瓦尔特·本雅明阐述"现实审美幻

觉"下的城市生活商业空间景观呈现出新的审美情趣来表达日常生活审美化对城市商业景象的影响。本雅明用"梦幻世界"一词来描绘以满溢商品为核心的充斥着影像的商业世界。他以非传统意义的"寓言"（allegories）形容商业景观中产生巨大幻觉和联想效应以阐明等级秩序意义的消解。在审美化的商业空间中人们遗忘的梦想被变幻的景象激发出神秘的联想，伴随着这一系列体验过程，都市的日常生活与审美艺术融为一体。费瑟斯通认为艺术与现实颠倒的审美幻觉背后表达的是一种"无深度"的符码混合、错乱影像下漂浮的能指。同时，创造性脱离了艺术融入了日常物品生产，包括日常感受和体验的城市文化。伴随着不断涌现的商业消费中心产生了丰富的符号文化体验。费瑟斯通客观地认为消费社会的人即使被这种超负荷的审美化感官与消解主体中心的梦幻景象围绕着，也保持着节制的激情宣泄与距离审美的平衡。日常生活的审美倾向意味着高雅文化艺术保护罩的坍塌，从而汇入了大众文化内容。城市孤傲艺术（Enclaved Art）的消散意味着传统符号等级结构的解体，设计与艺术混同一体，正如斯蒂芬·拜雷将工业设计定义为二十世纪的艺术那样，城市商业空间设计亦是如此。

费瑟斯通在鲍德里亚仿象理论的基础上认为日常生活审美化影响下的城市文化呈现出"文化分类的消解阶段"（phase of cultural de-classification），城市文化与城市生活出现了一种性质的转变，文化自由地与社会结构融合，并以审美的方式表达。日常生活审美化的城市文本中，文化的传统意义被消解（decontextualized）了，失去了文化的外观，影像的城市不断地进行着翻新和复制，陷入一个"无地空间（no-place space）"。城市成为文化与商品消费的双重中心，并呈现出大众主义的趋势。费瑟斯通也洞察到大众主义于购物中心、商业广场和百货商店的特征显现，这类商业空间除了经济交易功能外更成为大众休闲消遣的场所。空间的氛围设计或奢华浮侈，或富有情怀，或梦寐诱人。简言之，城市成为消费的中心，购物成为一种体验。商业空间的景观之中融入了大量后现代主义特征，折中混合的符码蕴含着大量的文化词汇，注重带给人们即时的体验感。费瑟斯通列举了北美西埃德蒙顿巨型商业广场中心（Mega-mall，图2-3）和英国盖茨黑德（Gates Head）的"大都会商业中心"（Metrocenter）的例子，文化的失序和风格的杂烩混合成为当代城市商业空间的特征，各类界面、图像、空间等的设计师们协同机构的投资人、所有者等，共同构筑了消费活动与消费品融合的城市商业空间和景观营造。费瑟斯通还以纽约和日本购物中心举办"中国周"和艺术珍宝展为例阐释符码混合下的商业

与文化合流、符号等级解构下的高雅文化与低俗文化界限消解的状况。费瑟斯通还指出商品与艺术眼花缭乱的符号混合场面需要一个有序的空间，并引用米歇尔·福柯提出的有控制的全景监视设计原则（Panopticism），这是购物中心的核心原则之一。

符码混合的高雅与低俗文化融合的城市消费空间直接导致了消费社会生活方式的转变。随着日常生活审美化和文化产品的扩张，人们从经济等方面获益于广泛地挖掘文化表层、结构和城市空间的革新。费瑟斯通用提到隐含的文化资本概念及布尔迪厄的嵌入的（embodied：说话方式及行为风格等）、对象化的（objectified：建筑及书本等）、制度化的（institutionalized：受教育的资格等）形式存在的文化资本形式，从城市的符号等级来看，城市的文化资本与其所处的符号等级位置成正比，例如巴黎，因其拥有大量的瑰宝级建筑和物质产品类的文化资本的积累而处于城市符号等级的顶端。然而这种符号等级会伴随着特殊群体的预期外后果而发生变化，大众普遍的主导品位消解了，随之而来的是更加多元的景观面貌，从前怪诞的文化审美品位现在具有更高的接受度，消费社会的大众文化聚集地通常具有颇高的商业价值。艺术的高雅与精英主义味道消解了，取而代之的是大众主义的民主风气。更多的艺术家和设计师本身被赋予了独特的自我呈现风格，致力于将生活审美化，他们将消费文化、体验、符号混合。休闲购物商业空间与商业景观的发展、生活的审美化呈现、带来新奇事物的人都成为消费社会日常生活审美化带来的趋势，我们正进入一个旧的文化等级被消解的阶段。

2.2.3
个体行为的视角——
日常行为求"新"化

英国著名社会学家柯林·坎贝尔（Colin Campbell）从消费社会行为特征的视角论述了炫耀性消费、时尚性消费和消费社会时尚更替的本质——求新的渴望（pursue for novelty）。他以托斯丹·凡勃伦的炫耀性消费理论为基础，梳理和阐释了消费社会炫耀性消费的行为意图和意义，并提出"凡勃伦-齐美尔模式"，齐美尔时尚性消费的同化性、分化性和时效性特征被嵌入凡勃伦更为宽泛的炫耀性消费理论中，从而构建新颖事物在消费社会引入与传播的系统理论。他对"求新的欲望"这一时尚更迭表征背后的消费社会本质进行了深刻解析。柯林·坎贝尔的观点是对齐美尔和凡勃伦理论的时代性延伸和系统性融合，揭示了消费社会炫耀性消费、时尚性消费、寻求时尚、接纳新奇的本质。

柯林·坎贝尔对凡勃伦理论延伸的背景是社会学家们普遍认为托斯丹·凡勃伦的炫耀性消费理论与当代消费社会几乎丧失了关联。大卫·理斯曼认为该理论很大程度上适用于19世纪90年代至20世纪20年代，但现在不适用了。赖特·米尔斯（Charles Wright Mills）也指出了炫耀性消费理论既受其所使用的历史时期的限制，也受社会阶层的限制。然而大量当代学者、评论家、记者等的论述中广泛地引入这一内容，通过谷歌学术（Google Scholar）搜索的关于当代消费者行为的相关学术文章中，有较大部分包含了炫耀性消费的内容。其内容实际脱离了凡勃伦炫耀性消费理论的原始内涵，更多的是表达一种"凡勃伦效应"（Veblen Effect），是消费者试图模仿他人的随大流效应（Bandwagon）或试图与他人相区隔的虚荣效应（Snob Effect），该理论提供了揭露当代消费社会行为本质的见解。例如，加尔布雷斯的《丰裕社会》（John Kenneth Galbraith, *The Affluent Society*, 1962）和罗伯特·弗兰克的《奢侈的狂热权衡过度消费的成本》（Robert H. Frank, *Luxury Fever Weighing the Cost of Excess*, 1999）等。因此，柯林·坎贝尔在此基础上对凡勃伦炫耀性消费的含义、社会学视角下的炫耀性消费行为及意图等进行了系统梳理与延续。

坎贝尔根据凡勃伦的炫耀性消费理论与齐美尔的时尚性消费理论对于社会地位与消费活动关系的差异性，从齐美尔的时尚性理论中获取了凡勃伦理论模式中缺乏的动力，从而构建了凡勃伦-齐美尔现代消费理论的系统。坎贝尔首先对炫耀性消费的含义进行了全面的梳理，将其定义为显示财富的奢侈商品和服务的支出，以此来获得或维护社会地位，并且意在用自我的财富、地位给他人留下深刻印象，以提高在他人眼中的声望。这与凡勃伦炫耀性消费的理论的最初表述大体一致。另外，坎贝尔认为消费社会中消费者除了用自我购买力给他人留下印象外还包括凭借时尚感或美感等独特的个人品质。奢侈的、浪费的、高调的是炫耀性消费的必要条件，竞争性动机是其核心。这一行为导致了普遍认同的社会分层体系，以"有闲阶级"（the leisure class）为主导，这种竞争机制产生的消费特征直接渗透至下级阶层。因此，消费和展示商品对应了个人社会地位体系。齐美尔的时尚性理论中社会地位与消费活动的关系不同于前者，下层群体并非模仿上层群体的炫耀性消费，而实质在于对上层品位的模仿。上层群体则是在这种时尚被模仿之前，凭借替换更新的时尚以保持与下层群体的差异，这同时揭示出时尚更迭表象背后的实质。因此，在坎贝尔看来这种不同阶级对应不同动机归属的系统阐述取代了炫耀性消费理论中每个人无差异的受相同炫耀性动机驱使的观点。坎贝尔将齐美尔关于易受新奇事物吸引的"文化人（man of culture）"构想和维持社会距离的假定并置于凡勃伦社会地位体现的消费理论体系之中，从而获得了凡勃伦-齐美尔现代消费理论构型，展开包括：（a）消费本质上是一项以他人为导向的活动；（b）对维持或提高地位的考虑占主导；（c）消费背后的动机是模仿和竞争，下层群体对上层群体进行趣味的模仿；（d）易受"新"事物吸引的精英阶层通过不断接纳新时尚和消费新产品来保持其优势地位。针对齐美尔关于"最新的时尚仅影响上层群体"，坎贝尔引用保罗·布卢姆伯格（Paul Blumberg）20世纪70年代后期撰文有关拥护创意浪漫哲学的反传统和追求艺术生活方式者引领潮流和被模仿的现象，反驳了齐美尔有关时尚自上而下渗透的观点，因此坎贝尔抛弃了齐美尔求新专属于上层群体的观点，转向时尚可以向上或向周围任意渗透。时尚的任意性渗透特征下，引发了凡勃伦-齐美尔时尚消费理论的一些解释盲区，例如为何上层群体会模仿"低于"他们群体的行为或趣味？这便引发了坎贝尔对时尚消费的动机——对新奇的渴望的系统阐释。

"新"（newness）这一概念对应当代社会求新渴望行为的不同动机。坎贝尔将其归纳为三种不同的意义（表2-2）：

表2-2　柯林·坎贝尔求新的渴望理论中"新"的含义

柯林·坎贝尔 求新的渴望		
"新"的含义	新鲜的或新创造的"新"	改进的或创新的"新"	不熟悉的或新奇的"新"
消费群	"污损使用恐惧者"，物品不该显示磨损迹象的财富精英阶层，趣味保守的优质消费者	热衷最新产品线和革新产品的消费者高新的技术热衷者	现代消费社会的核心群体具有对新奇事物的渴望属性对时尚具有高度敏锐性
说明	与旧的、磨损的等构成对立，强调时间上的变化，即对无使用痕迹的崭新物品的渴望，人们对于未"污损"物品的偏好	是效率和技术升级带来的改进或创新的系列产品，与新科学技术紧密相关，即对创新产品的渴望	以经验上的程度衡量，并受年龄和经验的影响，是消费社会消费主义的核心动力

（a）指新的，即新鲜的或新创造的（fresh or newly created）；（b）指改进的或创新的"新"（improved or innovative）；（c）指不熟悉的或新奇的"新"（unfamiliar or novel）。（a）含义主要与旧的、磨损的等构成对立，此层含义没有表明任何与过去截然不同的新奇之处，纯粹强调时间上的变化，即对无使用痕迹的崭新物品的渴望。这一层面"新"的概念对应于人们对于未"污损"物品的偏好，相同设计和使用功能但具有使用痕迹的物品，其价格会折损，与使用者的"亲密程度"和其"污损"的接受程度成反相关。例如，愿意购买污损的二手家具的人不能接受二手的内衣。这一意义上对新东西的渴望具有消费社会的现代特征。这一意义下"新"的渴望对应于当代社会（A）型的需求者，即"污损使用恐惧者"（pristinians）。这类趣味保守的优质消费者对时尚持有淡漠的态度，他们消费的商品与"污损的"要替换物一样。在坎贝尔看来，这类人倾向于物品不该显示磨损迹象的财富精英阶层，也与凡勃伦炫耀性理论的观点相一致。（b）意义不是纯粹时间意义上的"新"，而是效率和技术升级带来的改进或创新的系列产品，与新科学技术紧密相关，即对创新产品的渴望。这种新产品体现在对特定需求的满足。科技的进步促使消费品推陈出新，对改进产品的关注是消费社会消费主义的一个显著特点。这一意义下"新"的渴望对应（B）型需求者，即热衷最新产品线和革新产品的消费者，高新的技术对这类人极具吸引力。革新产品成为呈现技术发展的一个重要通道。（c）新奇或不熟悉的含义，即对新奇事物的渴望，是以经验上的程度衡量，并受年龄和经验的影响，不同年代人之间的趣味区隔差异明显。对新奇事物的渴望在消费社会时尚现象中得到印证，并且将新奇性融入具有美学价值的消费品种中，使之成为消费社会消费主义的核心动力，这种新奇性对消费社会商品流通量的作用远大于崭新性和革新性产生的流通量。新奇性本身就具有一种自我消耗性，随着消费者购买和消费的过程逐渐丧失了对购买物的新奇感，从而循环于下一轮他物的新奇感渴望与消费。与之相对应的（C）类消费者成为现代消费社会的核心群体，他们凭借对时尚的敏锐性创造了一个快速变化且具有连续性的新需求循环序列。对新奇事物的渴望属性使消费者对于任何商业创新的新体验反馈出热情的回应，这种敏感更普遍地体现于女性中。坎贝尔对"新"的渴望的多内涵及对应消费人群性质的阐释是理解消费者消费行为动机和消费社会时尚体系中新奇文化运转方式的基础，且"新"的事物在消费社会的核心作用也是坎贝尔"求新"理论体系的重点。

消费社会中消费新奇事物是消费者寻求快感的一种方式，是一种自我陶醉

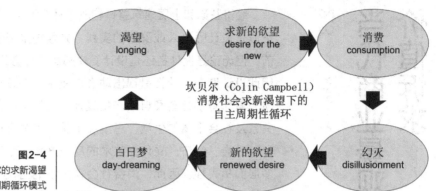

坎贝尔（Colin Campbell）
消费社会求新渴望下的
自主周期性循环

图2-4
柯林·坎贝尔的求新渴望
理论的自主周期循环模式

的享乐主义（Self-illusory Hedonism）。这种形式集中于想象情景的情感刺激及其隐蔽的享受体验中，为消费者提供一种迄今为止生活不曾提供的体验机会。想象快感对现实生活的超越引发了人们对日常生活的不满，从而加剧了对新奇的渴望。熟悉的事物等同于令人不满的现实生活，新奇的事物被认为是实现了渴望已久的梦想。消费社会的大众媒介以激发者的角色为消费者提供享乐主义想象的素材，以无所不在的视觉刺激方式提醒人们体验对新奇事物的渴望。坎贝尔引用辛格（Singer）对消费社会成人渴望新奇的状态描述："每天都要做好几次白日梦"，其中饱含理想化和自恋色彩。这些消费社会机制和广告媒介的共同作用力促使消费者相信对新奇事物的消费能够实现这一系列的幻想，这种白日梦（day-dreaming）、渴望（longing）、求新的欲望（desire for the new）、消费（consumption）、幻灭（disillusionment）、新的欲望（renewed desire）构成了一个脱离凡勃伦炫耀新消费中群体依赖时尚趣味模仿的完全自主循环的消费社会消费行为周期性系统（图2-4）。同时，这一系统与消费社会的时尚体制是相契合的。

综上所述，坎贝尔以"新"的不同含义为切入点，阐释了与之对应的不同特征倾向性的消费群，挖掘出这一与时尚体制契合的求新欲望下的循环机制。他阐明了体验性的消费休闲模式已经等同于身份的界定标准。与鲍德里亚的象征性符号理论阐述一致，消费社会消费的炫耀与时尚脱离了价值和商品的关系而遵循了消费社会的符号价值体系。广告媒介、品牌包装等共同诱发消费者的"求新的渴望"，消费的过程受无意识欲望和梦想的支配。消费关涉形象的处理、幻想的激发和价值的阐释。消费社会中人们的消费选择不再是理性支配下的简单思考，转变为炫耀的、时尚的、无用的、奢侈的、幻想的。坎贝尔的理论促进了消费社会消费者求新行为及内心指向的理论发展，为后章节消费社会视角下的当代商业景观设计语言研究提供了启发性的理论基础。

2.3 当代商业景观设计的价值诉求

经济基础和上层建筑整体构成了社会形态。❶设计活动看似是设计师个人或群体的实践，并最终呈现于消费者面前。但无论是设计者还是设计受众都是以社会的方式存在，因此设计形态与社会呈现出动态与复杂的关联性。人以本质力量作用于社会及自然产生设计，设计又反作用于社会关系及社会个体的生活、思维和审美。景观设计同样作为一种社会、经济、文化、艺术的动态产物，呈现与人类的多层面相关性。因此，消费社会视角下的当代商业景观形态嬗变最直接体现于消费社会符号系统操控下的商业景观符号价值转向，符号价值在消费社会中具有重要意义。此外，还体现于消费社会日常生活审美化和大众文化崛起引发的当代商业景观艺术价值转向，以及使用功能上的物质价值转向。正如沙伦·佐金（Sharon Zukin）所述的，消费社会语境决定了要什么样的商业景观和如何看待它。物质生产仅是设计的一个部分，所有设计产物都将被置入更广阔的社会经济文化力量的景观中去。设计是对一个物品的构筑——社会机构如何决定要看到什么以及怎样看待它的考虑。因此设计不仅是一个视觉的难题，更是一个社会力量的难题。

消费社会语境下，商业景观的价值发生了颠覆性的转变。商品符号价值的占有与交流超越了实用价值并成为消费的对象。当代商业景观可以被视为消费社会的一种设计"商品"，也呈现出一种符号价值的转变。符号价值成为消费社会语境中最具价值的特殊价值，与艺术价值、物质价值相独立。消费社会符号价值体系产生了对商业景观符号意义的影响；消费社会关系和消费时代精神产生了对当代商业景观社会价值的影响；消费社会的"适用性"产生了对当代商业景观物质价值的影响；设计价值嬗变的驱动力使得消费社会语境下的当代商业景观设计随之更新，设计思维、视觉形象、商业建筑因素都产生了巨大转变，即产生了当代商业景观特殊的设计形态语言表达。

---

❶ 陈登凯. 设计哲学 [M]. 西安：西安交通大学出版社, 2014: 237.

2.3.1
当代商业景观的符号价值转向

当代商业景观从某种程度上是作为消费社会的"同谋"角色存在的，也可以被看作一种空间消费商品。消费社会呈现出价值和意义的建构超越了物质消费本身的特点，进而体现为商品是作为一个具有象征意义的符号被消费的。商品的符号象征人们所属的群体、个人品位及生活态度。在消费社会无中心的、多元主义的、复杂的、非理性的、游戏的符号价值幻境中，商业景观的深度和意义被消解了，取而代之的是更加注重符号的象征性。通过符号的隐喻与象征驱使消费者按照符号编码者的初衷作出反应。当代商业景观中的符号成为界定消费空间等级的象征，与个人品位选择及生活态度相关，并且在媒体吞噬的符号消费世界中"物质消费和生产"转变为"符号消费和生产"，呈现出时尚表达、风格表达、幻象表达的泛滥性植入。

景观的符号系统性质在古代社会呈现能指与所指确定关系的强制秩序，即特定景观样式对应功能与等级，例如早期用于商业买卖的古罗马的图拉真广场，材质与形态等都与等级性质匹配。随后的文艺复兴到工业革命"古典"时期发展为"按需增生"的自由竞争阶段，摆脱了符号等级不可逾越的束缚，景观呈现出对物质自然和社会的模拟。当时的文艺复

兴园林参考了古罗马园林的特征，巴洛克艺术趣味的园林也都源于对古代风格的借鉴。18世纪中叶是景观模拟自然的高潮，人们甚至无法分辨院内外的界限。弗雷德里克·詹姆逊将不同的艺术文化特征阶段划分为现实主义（Realism）、现代主义（Modernism）、后现代主义（Postmodernism），此阶段对应为现实主义时期。随后的工业社会时期，复制性工业生产积聚了大量的新符号和物品并衍生出符号的系列。这一阶段遵循技术理性、商品的价值规律和人本精神，是文化的现代主义时期。景观需要营造出简洁的日常生活空间，并且融合了工程技术的发展。建筑师罗伯特·斯蒂文斯（Robert Mallett-Stevens）在景观设计中引入四棵加强钢筋混凝土塑造的抽象的"树"来替代树的形态。古埃瑞克安（Gabriel Guevrekian）在景观水池中央加入了会随时间旋转而呈现反射光线景象的玻璃球。这展现了景观设计对当时混凝土、玻璃、光电技术等新材质及新技术的融入与尝试。伴随着原始积累过程的完结，消费社会阶段到来，符号的"模式生成"使消费社会充斥着浮动的"所指"，即真实性和确定性的丧失，呈现出游戏性、无深度的折中主义。亚特兰大里约购物中心（图2-5）是当时极具影响力的商业景观形式。玛莎·施瓦茨将300个取材于凡尔赛花园拉托娜（Latona）喷泉的镀金青蛙置于景观草地中心，新颖的材料与夸张的色彩搭配错位重叠的几何形态，整个商业景观呈现出一种浮动符号载

图2-5
玛莎·施瓦茨设计作品：亚特兰大里约购物中心

体相互混杂的奇幻趣味时尚风格。由上可知，历史上出现的形式都能成为消费社会的当代商业景观表达。

消费社会中，传统的使用价值和交换价值形式已经与这种社会区分逻辑的符号价值混合在一起，商业景观的风格差异性也通过符号界定。消费社会商业景观的符号价值转变主要体现在三个方面：第一，表达时尚；第二，表达风格；第三，表达虚拟。这三个层面的符号价值转向在具体的三种不同空间聚合形式的当代商业景观中呈现出差异性的侧重。

2.3.1.1 时尚的表达

从综合购物中心的商业景观来看，时尚的表达很大程度影响消费者对场所印象的构建。适宜的商业景观设计营造可以为购物中心的商业氛围增添活力。此外，商业景观还能统一停车区、主次入口、辅助设施等基础性构件的关系，延长消费者的停留时间，提升人们购物的愉悦性。如今，综合购物中心除了基本的购物场所外，还营造了更多蕴含品位、审美、阶层等的社交娱乐的场所符号。当代商业景观对时尚符号的演绎，顺应了消费社会语境下人们的时代精神和价值追求。

消费社会价值标准的嬗变体现为消费价值脱离了使用价值，时尚（fashion）消费取代物质消费成为消费社会的追逐对象。社交圈中，消费者在购物中心具有时尚符号的商业景观前自拍，以此表达自我所属的身份阶级和生活品位。当代商业景观的符号同样体现出时尚的同化性、分化性、时效性和新奇性。海港城（Harbour City）是中国香港极大的购物中心之一，弗洛伦泰因·霍夫曼（Florentijn Hofman）的巨型黄色鸭（Rubber Duck）曾置于海港城商业中心的海面上一个月零七天。❶这一巨大的景观装置引发了巨大的人流效应。消费社会

❶ 维基百科大黄鸭[EB/OL](2014-12-23)[2019-6-10]. https://zh.m.wikipedia.org/zh-cn/.

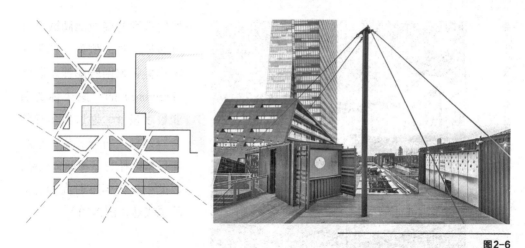

图2-6
Mecidiyekoy的某商业中心集装箱景观符号

语境下，一只无功能性和目的性的吹气胶鸭成为人们提升自我时尚度的借助物，与这一新奇符号合影你便是时尚的。它的存在时间是短暂的，同时它的流行时效也是短暂的。这一例子不是典型的商业景观设计案例，但从属于购物中心商业景观的这一符号极为典型地阐释了时尚表达的符号价值。此外，Mecidiyekoy的某商业购物中心景观，以色彩缤纷的集装箱形态符号营造了新奇时尚的商业购物环境，成为人们争先打卡的去处（图2-6）。

商业街的商业景观营造与购物中心具有差异性，但同样以符号表达时尚。作为路面、设施、建筑立面及周围环境构成的组合体，它与城市面貌紧密相关。商业街景观是烘托商业街消费氛围的重要元素。商业街景观设计通过新材料、新形式、新技术等的引入营造一种新奇的时尚购物体验，以商业景观符号表达标新立异的时尚性。位于澳大利亚悉尼市的Lees Court商业街改造项目旨在振兴该区域经济同时打造高品质的时尚城市休闲空间，ASPECT景观设计工作室以著名的艺术节目"忘却的歌声"中的鸟笼符号为设计符号元素（图2-7、图2-8），配以新奇的灯光效果，让人不禁在华灯初上的傍晚流连于此，营造了时尚的城市休闲商业区；此外秘鲁的利马市绿色入侵（Invasion Verde）商业街景观项目将色彩绚丽的几何形置于旧轮胎之上（图2-9），融合流动的异形绿化土坡，营造了活泼、时尚、新奇的商业景观。

零散小规模个体商业因其规模和空间的局限性，其商业景观设计通常空间布局紧凑且尺度亲人。因此，此类商业景观中绿化与户外休憩功能占主导，且不是所有的个体商户都具备融入商业景观的条件。商业景观常与小规模个体的建筑或橱窗相融合，形成商业室内空间与城市的过渡。商业景观符号的时尚表达是建立个体零散商业消费定位与形象的重要手段，通常符号的选取与商业品牌或个性具有统一性。例如,位于美国华盛顿州西雅图费尔蒙特(Fremont)的一家个体的商业景观设计,通过以多样的奇异绿植为符号元素,与小店见素抱朴的品牌理念契合,以此引申为当下时尚的生活状态表达(图2-10)。

图2-7
Lees Court 商业街鸟笼符号

图2-8
Lees Court 商业街平面

图2-9
秘鲁利马市绿色入侵商业街景观的旧轮胎和异形绿化土坡符号

图2-10
西雅图费尔蒙商业户外景观

2.3.1.2 风格的演绎

风格化表达即景观符号体现设计的个性特色或呈现设计师个人设计语言风格。消费社会语境中，消费替代了生产，生产的嬗变经历了"空间中的生产"（production in space）到"空间的生产"（space production）再到"趣味的生产"（taste production）过程，消费同样需要经历这一过程，并最终体现为趣味的消费（taste consumption）。消费社会等级符号的消费体现个人身份与趣味，因此，当代商业景观的符号也被赋予了社会区隔的功能，差异化的商业景观趣味消费带来了风格化的表达，这种风格化的表达更好地满足了消费社会中富有差异与个性化的消费者需求。

当代商业景观符号的风格化表达首先体现于商业景观对形式与装饰的丰富呈现。其次是日常审美的生活化消解了文化区隔的界限，大量的启发性符号元素汇入了当代商业景观设计中，商业景观设计符号语言成为这些丰富来源的载体，即呈现出风格化的表达。最后是商业景观符号语言的风格化还体现于消费社会符码任意复制与重组下的多样语言。由扎哈·哈迪德设计的望京SOHO是集零售、购物和餐饮于一体的综合体，她将传统的梯田符号融入商业建筑与景观，这一符号形式在表达消费社会日益增强的复杂性的同时也成为数字与动画技术支撑下的参数化主义风格（图2-11）。百米长的自然形态符号构成了深远曲折的视线效果，实现了设计风格化的呈现。因此，充满矛盾性和时尚未来感的曲线形态设计也成为扎哈个人风格的符号化表达，被领域内外广泛地追捧与讨论。

图2-11
扎哈·哈迪德商业建筑与景观的设计形态语言符号

2.3.1.3　幻象的诠释

居伊·德波的"景观社会"是对消费社会视觉符号特征的描绘。费尔巴哈（Ludwig Andreas Feuerbach）对这个时代偏爱图像甚于实物、偏爱复制甚于原稿、偏爱表现不顾真实、偏爱表象甚于存在进行了全面的描述。编码和符号组成了消费社会的秩序原则，从而将人们浸入拟象的梦想幻境中。求新渴望驱使下的幻境激发出人们的关注与消费体验，实现物质生产向符号影像生产的转变，也表达出消费社会生活的物质向非物质的转移。当代商业景观符号表达幻想的同时传达着景观的意象，将人们置于表达虚拟影像的景观符号之中。

商业景观符号幻象表达广泛地体现于当代商业购物中心景观的设计中。2018年建成的 Mega Bangna 购物中心商业景观中运用各种森林的自然符号表达人们对自然的渴望，多空间层次中植入纹理精细的蕨类植物和苔藓等软景观符号，营造出瑞典斯堪的纳维亚式森林的幻境（图 2-12）。❶除了视觉感受的仿象置身其中，太阳能冷却器系统和隐藏式喷射风扇（concealed jet fans）配合景观中动态的流水，构成了森林般清新湿润的空间体验感（图 2-13、图 2-14）。商业中心通过舒适的微气候营造增强了购物的良好氛围，满足了城市生活对于自然回归的向往；2018 年 12 月伦敦牛津街附近即牛津广场到果园街（Oxford Circus to Orchard Street）完成了商业街购物体验提升的商业景观项目（图 2-15、图 2-16）。这条

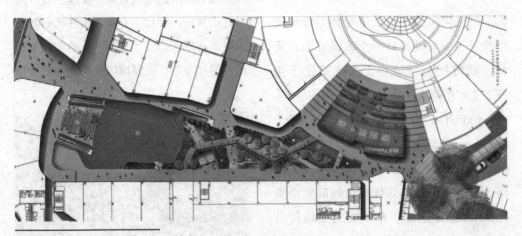

图2-12
Mega Bangna 购物中心商业景观平面

---

❶ Mega Bangna 购物中心商业景观[EB/OL] (2018-9-18) [2019-6-15] https://www.archdaily.com/901595/mega-foodwalk-landscape-landscape-collaboration/.

图2-13
Mega Bangna购物中心商业景观的森林幻境俯视

图2-14
Mega Bangna购物中心商业景观的森林幻境人视

图2-15
伦敦牛津街附近商业街景观夜景

图2-16
日间的伦敦牛津街附近商业街景观景象

景观改造后的商业步行街充斥着多种虚拟视觉符号的组合，几何形态符号配合灯光效果，营造出奇幻的意境。地面的铺装同样以解构的色块组合，为人们带来幻象的沉浸体验感。

2.3.2

当代商业景观的艺术价值转向

消费社会的当代商业景观艺术审美价值呈现出巨大的转变：第一，表现为从传统社会政治、宗教、伦理等的"他律"转变为现代社会功利性价值脱离的"自律"，再转变为消费社会消费逻辑支配下的当代商业景观艺术价值；第二，表现为艺术审美、精英文化与大众文化、现实存在与幻想的界限由清晰走向融合；第三，表现为艺术精神从宗教束缚走向艺术的体验游戏。

2.3.2.1 艺术价值消费逻辑化

不同的社会阶段，商业景观的艺术价值呈现出显著的差异性。传统社会艺术的概念指向与生活紧密相关的技艺。传统社会景观的艺术价值依从于政治、宗教、伦理等的束缚；在现代社会后期，艺术脱离了日常生活，意在追求艺术的纯粹性。启蒙现代性的理性与现代性使艺术与审美逐渐脱离了政治、宗教、伦理等的"他律"，艺术创作试图帮助在丧失宗教整合力量的社会下缺失的人们重建精神家园，即艺术自身的价值和意义实现了"自律"。景观与建筑一样，审美价值无法完全地与实用等其他因素划清界限，景观的本质决定它无法像绘画、音乐、雕塑等纯粹地"为了艺术而艺术"。现代商业景观超越了"模仿"与"再现"，更强调"抽象"与"意象"。景观的艺术价值不再是对"自然存在的仿效"，而是用抽象元素的形态空间组织理性表达时代精神；在消费社会语境下，大众文化消除了美学的核心距离，使人们的日常生活审美化。正如弗雷德里克·詹姆逊描述的那样：只有歌剧、绘画等在19世纪才被认定为文化艺术。到了消费社会，艺术文化已成为消费品，从特定圈子融入了日常生活。大众文化以世界"图示化"的方式引领和制造人类欲望并呈现快感，这一欲望实质是体现个人地位、品位的消费逻辑。消费社会的商业景观艺术价值直接受此消费逻辑的影响，它关系个人所属群阶的体现、生活品位的表达和感官欲望的满足。因此，商业景观艺术审美针对设计样式的同时，更是对全新体验的探索，美学标准已不适用于消费社会逻辑，在炫耀、时尚和求新渴望的激发下，当代商业景观的艺术审美是由这些动态因素激发而动态呈现的，对形式表达、氛围体验和艺术的关注背后是消费社会消费逻辑根源。

2.3.2.2　艺术界限模糊化

如前面所述，现代社会后期是以追求艺术的纯粹性为目标，将艺术审美迥然异趣于日常生活，将艺术视为具有超越其他实用活动所包含的精神价值。这意味着割裂的艺术与生活、精英高雅文化与大众通俗文化、艺术虚拟与生活存在的真实。然而20世纪60年代早期，马歇尔·麦克卢汉、约翰·凯奇（John Cage）等人倡导的"关注其中的当下生活"主题表达了鲍德里亚对消费社会美学状况的阐释。即符号系统自我增生下符号成为漂浮的所指，消费社会"超现实"的仿象世界中能指和所指关系的断裂，致使真实和想象的区分、生活与艺术的界限、精英文化与大众文化的区隔——所有者的一切都被抹去了。

当代商业景观本身就是日常生活与景观设计结合的产物，它艺术与日常生活的融合首先体现为与艺术功能形式的相互渗透。如今，文化场所汇入了更多的商业性，购物空间中随处可见艺术的形式与功能。例如，在开敞的商业景观空间举办艺术家的个人展，或在商业景观中运用艺术雕塑等艺术形式。美国得克萨斯州达拉斯（Dallas of Texas）的北公园（North Park）购物中心以"购物的艺术"（the art of shopping）为购物体验的定位，在室内外商业景观中融入了大量的艺术作品。购物中心的室外景观中引入了当代美国视觉艺术家贝弗利·珮铂（Beverly Pepper）达拉斯陆地运河：运河和山坡（*DALLAS LAND CANAL:CANAL AND HILLSIDE*，1971—1975）的作品（图2-17）。在购物中心中庭的景观中，融入了极简当代艺术家利亚姆·吉利克（Liam Gillick）的有机玻璃艺术作品（图2-18）。

此外，艺术与日常生活的融合还体现为当代商业景观设计以现实的日常生活为设计来源，这与波普艺术从生活中的广告、包装、电视、消费品中汲取新奇的图

（a）

（b）

图2-17
北公园购物中心景观中的贝弗利·珮铂的艺术作品

（a）

（b）

图2-18
北公园购物中心景观中的利亚姆·吉利克的艺术作品

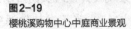

图2-19
樱桃溪购物中心中庭商业景观

图2-20
西雅图派克商业街口香糖艺术景观肌理

像与灵感❶具有类似性，可以将其理解为当代商业景观波普化。典型的呈现形式有两种。第一，当代商业景观整体或元素的具象化。例如位于美国科罗拉多州（Colorado）樱桃溪购物中心（Cherry Creek Mall）中庭商业景观，它从典型美式早餐里提取了香蕉、面包、鸡蛋、培根等具象元素图像（图2-19），以此构建了通俗趣味的商业景观形式，并且博取了广大民众的喜爱，带来了巨大的人流效益；在美国华盛顿州西雅图（Seattle）以集贸市场为前身的派克（Pike Public Market Center）商业街内，以咀嚼过的口香糖肌理元素为景观形式，引来了大量人流量，它成为著名的旅游景点（图2-20）。第二，商业景观元素拼贴与复制化。当代商业景观越来越多地以无目的、无意义、游戏的方式进行着各种元素的拼贴与复制，与传统艺术独一无二的属性相比，当代商业景观呈现出广泛的符码复制效果，以色彩丰富夸张的视觉性和体验性吸引人群。

　　除了艺术与日常生活界限的融合外，当代商业景观中的艺术性在审美泛化的作用下，呈现出精英文化与大众文化的对接。精英文化是"经典"与"正统"的文化根基，而大众文化是取悦消费者的日常文化形态。消费"同谋"的当代商业景观以顺应市场需求为目的，建立在大众消费者的趣味基石上，并融合了精英文化对大众文化的升华。从形式上看，精英的景观艺术更强调理性与抽象，而消费社会商业景观大众形式的艺术更为感性与具象。当代商业景观美的"雅俗共赏"正如杜威（John Dewey）所言的，艺术的材料应从不同的源泉汲取营养并为所有人接受。❷在消费社会商业的准则下，当代商业景观艺术对精英文化与大众文化的融合又使精英文化走出狭隘圈子，融入了广大消费者的

---

❶ 朱立元. 美学大辞典[M]. 上海：上海辞书出版社, 2014: 717.

❷ 杜威. 艺术即经验[M]. 高建平, 译. 北京：商务印书馆, 2005: 344.

图2-21
万科中心商业景观俯视

图2-22
万科中心商业景观局部

同时，也呈现出泛滥大众文化背后审美趣味的消解与俗媚化。

2.3.2.3　艺术精神游戏化

消费社会的消费本质由艾瑞克·弗洛姆提出的"美学欣赏力参与的活动"❶转变为"对人为刺激所激起怪诞的满足"❷，它背离了人们的真实需求，以游戏取而代之。在这一语境下当代商业景观的艺术功能已由纯粹"精神食粮"转变为一种游戏化的娱乐体验，并达到促进消费效能的目的。当代商业景观艺术性体现出极强的参与性、趣味性和互动性。参与性的实质是消除商业景观与消费者的距离感，实现设计创造者与设计体验者的平等互通。甚至在某些当代商业景观设计中，消费者的参与才构成了设计的完整性。参与性的游戏化体验依靠感官的视觉形象与空间体验的

刺激来实现。

因此，当代商业景观的游戏化艺术精神脱离了理性的束缚，转向感性的直觉。感性直觉营造的体验游戏化的商业景观艺术形式对消费者感官满足的同时也消解了艺术美的标准，使之呈现出丰富的多样性，艺术精神的表达自由了（图2-21、图2-22）。

2.3.3 当代商业景观的物质价值转向

当代商业景观的物质价值即用以满足人们物质生活需要关系中的效用价值发生了变化。当代商业景观的物质价值由工业体系讲求标准固定化的、均衡的、理性化统一的、实用的、普遍化的转变为消费社会语境下动态的、多元的、体验的物质价值。

2.3.3.1　流动化

19世纪末20世纪初，西方社会工业

❶ H. 马尔库塞, E. 弗洛姆, 陈学明, 等. 痛苦中的安乐：马尔库塞、弗洛姆论消费主义[M]. 昆明：云南人民出版社, 1998：134.

❷ 潘欧文. 经济哲学读本[M]. 北京：金城出版社, 2016：175.

图2-23
橡树溪购物中心初始入口广场水景

图2-24
橡树溪购物中心入口更新多功能水景

图2-25
橡树溪购物中心初始的某处景观

图2-26
橡树溪购物中心更新的动态性景观元素

技术和生产力发展给社会结构与人们的日常生活带来了巨大的冲击。当时的现代建筑设计、城市规划、景观设计急需构建能够为广大人民服务的新体系和全新设计观。因此，当时以推崇功能主义的标准化几何形态为主，呈现出固定功能建设的趋同商业景观形式。全球化与信息化汇入的消费社会时期，商业空间的销售市场受多因素波动，当代商业景观的"同谋"角色要随时尚、艺术与消费者需求的动态变化而实时更新。因此，当代商业景观以个性化、短周期、开放化、灵活的动态特征为物质价值的转变。大量的当代商业景观项目中可见具有时尚感的开放性临时景观构筑物、可以随人流转移而转移的个性座椅、新奇的商业景观装置等。

　　位于美国老工业城市芝加哥（Chicago）伊利诺伊州（Illinois）的橡树溪购物中心商业景观的升级项目具有动态特征的典型性（图2-23～图2-26）。它作为芝加哥大都会地区（Chicago metropolitan Area）极为重要的商业区之一，其商业景观在原有基础上进行了一次以振兴为目的的再设计，其更新前后的商业景观形式反映出典型的物质价值的动态性转变。

2.3.3.2 多元化

以宏观视角来看，当下城市的形态由中心为主导转变为向四周扩散的均质功能分区的城市形态。美国社会学家伯吉斯（E. W. Burgess）的同心环城市形态模型所传递的内容，已经转变为一种"无中心"（center-less）、"无序的"（chaotic）、"多核的"（muti-nucleated）、"脱节的"（dis-articulated）❶混杂"拼贴城市"（collage city）；❷在中观视角下，当代商业景观由辅助商业建筑构建商业空间的角色逐渐重视化，预留的商业景观绿地面积得到大幅提升。当代商业景观除了是人们购物的场所外，融入了更多社交、文化活动、娱乐休闲等混杂功能的形式与空间。从微观视角看，当代商业景观以明确的休憩、绿化等功能区分，逐渐混杂了非确定性的能承载多元需求的大空间形式。例如芝加哥伊利诺伊州橡树溪购物中心（Oak Brook Shopping Center），它是1962年在美国建立的第一个露天商业购物中心之一，目前也是芝加哥地区最大的零售目的地之一。其商业景观以大面积开敞的地被植物取代了固定的灌木分隔，以适应灵活的、个性化的、多功能的用途（图2-27、图2-28）。

2.3.3.3 体验化

信息技术支撑下的互联网量级革命带来了消费社会购买方式的多样化和强竞争化，这引发了实体商业购物场所由"一种纯粹的购买经济行为"转变为"一种融入乐趣的消遣体验活动"。消费社会中消费的生产力是产能过剩时代生产力的最新形式。如今商品的生产意味着创造对它的需求。当代商业景观从以满足消费者的需求为目的，转变为创造和引导消费者对其的新需求，积极的体验互动效应实质成为商业回报的源泉。实体商业购物场所较B2C

图2-27
橡树溪购物中心单一功能初始景观

图2-28
橡树溪购物中心更新的混杂功能的商业景观

---

❶ 安德鲁·塔隆. 英国城市更新[M]. 上海：同济大学出版社，2017：30.
❷ 柯林·罗，弗瑞德·科特. 拼贴城市[M]. 童明，译. 北京：中国建筑工业出版社，2003.

模式（企业通过互联网为消费者提供一个新型的购物环境——网上商店，消费者通过网络在网上购物和支付）更多地承载了休闲属性。对于一个以闲暇放松为目的的商业景观体验者，闲逛、社交、体验时尚商业氛围是他的空间使用目的。商业景观的视觉形象、空间感受、意象传达是体验的核心要素。当代消费空间的体验性需求驱使当代商业景观的物质价值转向体验特征下对购物环境视觉形象和氛围营造力的关注。于其中体验的消费者参与行为和自我形象某种程度上也成为环境体验的一部分。因此，当代商业景观更多地成为激发消费者感知和愉悦的空间体验场所。

本章小结

作为社会、市场、文化、审美等综合载体的当代商业景观蕴含着丰富的价值观，其形态的表征必定基于其所处的时代语境。随着全球化的浸透、信息化的泛滥、消费的狂欢，时代社会形态的变革引发了当代商业景观设计价值诉求的多层面转向。市场消费逻辑主导下，当代商业景观成为时尚、风格、幻象的符号诠释者，其艺术价值由宗教、政治、伦理的"他律"走向一切艺术消费化，在游戏化的艺术精神中与生活实现了融合，其物质价值因消费者时代需求的变革而呈现流动化、多元化、体验化的特征。同时，消费社会"形而上"的理论阐释对"形而下"的转变潜藏着深层的关联性。鲍德里亚的仿象理论阐释了消费逻辑化的本质，费瑟斯通以日常生活审美化理论解析了艺术价值转向的本源，柯林·坎贝尔的个体"求新"行为视角剖析了物质价值转向的驱使点。时代变革下"人心"需求的嬗变必定产生与之相匹配的当代的商业景观形态语言表达。

第 **3** / 章

当代商业景观形
态语言的嬗变

语言是人类文明沉淀的产物，是人类彼此传达思想的工具。语言的结构、特征、变化与社会文化、经济结构、历史背景、行为方式等多种因素具有紧密的关联。麻省理工学院斯本教授（Anne Whiston Spirn）作为景观设计语言研究的重要推动者，她明确了景观具有语言的所有特征。人类通过符号化的视觉设计语言形式传递设计思想、表达设计情感、体现设计语境。其中商业景观类型是商业建筑与景观嫁接产生的具有高市场关联性的丰富商业空间产物。消费社会阶段的当代商业景观呈现出了时代特有的形态语言特征。因此，与语言具有高度互文性的当代商业景观形态饱含对社会结构、市场需求、文化状况的象征、参照与体现。

微观的语言学是对语言的语音、语汇、语法和修辞等进行的研究。从商业景观形态语言来看，它不具有语音的外壳，包含了设计语汇、设计语法和设计修辞三个体系。语汇是参与表示意义的符号系统的总和，是语言学的基本构成部分。商业景观形态语言的语汇，即以形态为载体，并以城市空间意象要素为基础的商业景观设计构成者，即商业道路、商业景观边界、商业景观区域、商业景观节点、商业景观标志物，其形态语汇的分析中可进一步抽象细化分为点、线、面、体。语法是研究语言的结构方式、结构法则和语法单位的功能，可从历时与共时的视角展开分析。当代商业景观形态语言的语法是研究其设计语汇元素在三维空间中的形态造型原则、规律和特点，依据场地结构、空间关系、比例尺度、要素关联展开。修辞则是以增强表达效果为目的，从而对语言进行加工的活动，它与语汇、语法等具有密切的关联。商业景观设计的修辞关注的是设计"如何表现"，对要素进行有效的组合以营造意境并引发情感。通过对消费社会语境下的当代商业景观形态语言梳理，构建时代语境下以语言学为基础的当代商业景观形态语言研究框架体系。

不同的社会发展阶段，受政治、经济、文化、技术等多方面因素的影响，商业贸易的形态呈现出动态的演变过程。历史商业区遵循着传统的建筑覆盖为主的围合式建筑与空间布局形式，以营造人性尺度的"物化空间"。其中早期并未形成本书所界定研究的商业景观内容，但其商业贸易的建筑、空间、布局形态可以被看作特定社会阶段呈现的商业景象，是抽象意义的商业景观，对消费社会的当代商业景观形态语言研究具有基础的研究意义。因此，本章梳理了前消费社会和消费社会的商业景观脉络与特征。商业景观从传统社会封闭的几何形布局到消费社会元素混杂、错综、夸张、奇异的自组织形态，昭示出传统社会向消费社会演进的过程中商业景观形态语言作为人意识形态承载者的角色。传统社会时期，全球范围的商业活动发端于集市贸易，由摊商发展为店铺，聚集形体依靠直觉呈现的广场聚集或由路成街的轴线规则特征，进入生产社会后，地区商业中心逐渐形成。受技术理性、功能主义和抵制享乐思想的影响，当时的商业景观形态呈现以满足功能为目的的几何规则的均衡形态为特征。

3.1.1
传统溯源

追溯西方商业贸易景观形态发展的历史脉络，从最初在开放的公共广场空间开展集市贸易活动到当下丰富的娱乐购物中心体验，购物模式的演变过程漫长而复杂（表3-1）。早期人类出于安全、便利等因素选择群居生活，并且出现了农产品及手工产品的交换。农业社会时期的西方商业贸易景观形态依托于人群聚集空间的特征分布，是直觉自然呈现的结果。

古代欧洲，主要道路及交汇的中心广场构成了城市结构的框架。西方初始贸易活动主要集中于人口集会的场

表 3-1　前消费社会时期西方商业景观形态

时间	代表	形态状况
公元前150年	**古雅典阿哥拉广场**	是最初开放的交易商业空间。交易功能与其他空间功能共用，商业设施具有灵活可移除性，最早将物品摆放于地毯上，其形态是直觉自然呈现的结果
110年	**古罗马图拉真广场**	首次于特定的多层级商业功能建筑中出现的商业形态
1215年	**中世纪市政厅**	市政厅的上层供行会使用，底层设有商店。既有宏伟的大堂门廊界定的店铺，又有开放的地下柱间的摊档，即简单的街市走廊形态。街市大堂与街市毗邻，并用作街市的延伸部分
1460年	**麦地那集市** **格兰德集市**	最早的类型是将街道的两边排列起来，然后用草垫覆盖街道。另一种早期的形式是有顶的网格街道，被称为网络网格，集市被规划为两个大圆顶柱廊

时间	代表	形态状况
1566—1568年	伦敦交易所	发展受到了安特卫普和阿姆斯特丹交易所的影响。建筑物分为两层，交易有时于庭院内部开展。整体呈现规则的轴线对称几何形态
1676年	埃克塞特交易所	一层设有动物园，休闲娱乐内容第一次被引入商业场所
1695年	城市街道	首次将玻璃材质应用于店面陈列商品，并首次以内部柜台形式进入店铺。店铺位于城市街道两旁的房屋，整体商业形态沿街布置
1788年	巴黎王家宫	巴黎第一座拱廊商业形态

所，早期的广场既是政治、宗教、文化活动的中心也被赋予了商业功能。回溯人类文明的发源地——古埃及和古罗马，尽管古埃及人拥有先进的技术与知识水平，但是无文献记载他们于任何建筑空间内进行贸易活动。古希腊人最初在兼具集会功能的阿哥拉广场（Agora）开展贸易活动，它位于统治宫殿与该镇的主要建筑之间，在市集日被间歇性地用作市场。货物摆放在垫子或临时摊位上，这样方便辩论、公众展览、体育和游行等其他活动在场地市集日以外进行。古罗马的主要城市围绕寺庙、教堂、浴室和国家建筑形成了作为居民贸易生活中心的开放空间，罗马广场（Forum Romanum）和图拉真广场是古罗马早期贸易的场所。其中，广袤的图拉真广场是由皇帝于公元115年发起，由他的继任者哈德良（Hadrian）修建了一系列月牙状的建筑，商店设置于四楼，这是第一批史论记载的商业景观空间的雏形。

中世纪时期，随着罗马帝国的灭亡，西欧的商业发展进入了500年左右的黑暗时期，但人们的贸易活动从未停止。几个世纪后罗马的集会商业场所才得以复苏，城堡和修道院被扩大并发展成为贸易中心。一方面，镇上逐渐出现了交易市集并发展为共用建筑空间对贸易进行管理的形式。1215年的意大利科莫市（Como）的博罗列多宫（Broletto）为现存历史最久的市政厅结合市集使用的建筑形式。1275年在德国布列斯劳也出现了类似的商业空间组合形式，这种面向外类型的商业空间形式在几个世纪后成为整个欧洲铺排街道形态的基础。另一方面，商业形式在北非和中东采取了各种不同的布局形式。13世纪摩洛哥费兹市（Fez, Morocco）的商业景观形态展示了两种类型："被覆盖的街道"（covered street）和"网络网格"（souk）。"有盖子的"街道市场被铺满草垫的木结构所遮挡，沿街直线分布不同规模类型的商店。Quissariya集市是"网络网格"商业景观形态的代表，由网格中的一个小胡同形成一个更密集的块状空间集合，空间形态开敞面出现了外向型、内向型等多样形式。通过总结，早期商业形式确立了一些共同的原则，首先一些大小相似的商店会在人行横道旁以一种线性的方式排列在一起或两排商店排列在一条大道的两边，并对两层或两层以上的竖向空间进行使用。随后由有盖街道或小巷组成了网格。16世纪末，随着世界贸易的扩大和银行、信贷、股票及有限公司的发展，又出现了另一种类型的交易建筑形式，当时被称为"庭间交易空间"（court hall exchanges），最先出现于比利时安特卫普（Antwerp）和荷兰阿姆斯特丹（Amsterdam），在一楼设有露天销售商品的交易摊位。在欧洲，商业区逐渐从市政厅和行会大厅的专用区向多元化方向发展。随着城市人口的增长，对商业容纳量的要求也逐渐增大。

总而言之，这一阶段的商业形态主要于人们聚集的广场或大道两旁开展直接的贸易活动，其形态布局以并排连接的线性或网格形态为主。此时人们前往该地的目的性单一，以贸易为唯一需要。这一阶段的商业形态尚未形成休闲、娱乐、社交、休憩等其他附加的功能及商业空间营造的景观形式。对传统历史发展脉络的溯源，有利于整体把握后续当代商业景观形态语言呈现的根源性。

3.1.2
近现代变迁

19世纪伊始，西方国家进入了工业社会时期，呈现出工业化程度加深、人口数量激增、汽车交通普及和城市生活形成的社会状况，同时也迎来了经济增长的起飞期（表3-2）。为了满足这一生产时代容纳量和功能性的需求，出现了新的商业景观形态。

此时的法国市场结构是以开放的形式为主，随后受到钢铁加工技术、玻璃工艺、大型展览建筑等因素发展的影响，出现了巨大的"玻璃亭"和"有盖街道"，成为购物、休闲、娱乐融合的商业空间。法国巴黎的圣日尔曼购物地是典型代表之一。18世纪末至第二次世界大战（下文简称"二战"）开始，世界各地陆续出现300多个拱形形态的自然照明商业空间。

同时期，整体百货商场建筑的出现使零散的点状铺面形态得以整体化，它的出现对商业形态发展具有里程碑的影响。佩夫斯纳（Pevsner）将1852年开业的法国巴黎的邦·马塞百货公司（Bon Marché）定义为第一家引领者。相比开敞空间的集市而言，它提供了更好的购物环境、更丰富的商品和更具优势的价格。在铁框架结构发展的影响下，美国产生了四层甚至更高的商业建筑，例如美国第一批百货商店之一AT管家百货（A.T. Steward & Co）。这些新的大型百货商店满足不断增长的购物空间需求的同时，也满足了当时急需更大空间以满足展示供销售丰富商品的需求。随着铸铁技术和钢框架结构的进步，出现了更大的板跨度和更高层高的商业建筑形式。1904年，路易斯·沙利文（Louis Sullivan）为芝加哥卡森·皮里·斯科特百货商店（Carson Pirie Scott Store）设计的建筑物成为新一代商业购物空间，手扶梯、玻璃幕墙等技术的发展不断地丰富着建筑的外立面样式。百货商店的规模呈现出逐渐扩大的趋势，但此阶段的商业空间形态仍然以对称的几何方形为单一存在。

到20世纪中叶，受城市人口扩张、汽车普及、社会经济结构变革等因素的影响，美国郊区购物中心的数量激增。此类型的购物地被人们视为购物的首选，一时之间，郊区购物中心成为一种可识别和几乎公式化的形式。1950年建造的西雅图诺斯盖特购物中心（Northgate）成为其他

表3-2　近现代西方商业景观形态的变迁

时间	代表	形态状况
1823年	 纽约AT斯图尔特	纽约的第一家百货商店
1833年	 英国伦敦亨格福德市场	从18世纪末到19世纪，伦敦的人口迅速膨胀，急需改善市场卫生状况的需求创造了新的伦敦商业形态。其中，伦敦亨格福德市场的商铺沿走道直线布置，每个店面可以独立地锁铺
1840年	 英国伦敦阿斯普瑞氏	第一批使用平板玻璃的沿街商业空间
1853年	 法国巴黎哈里斯中心	玻璃和铁的结构运用为市场建造开辟了新的可能性。由布尔塔德（Boultard）设计的巴黎哈里斯中心对后来的拱廊和百货公司建筑产生了深远的影响

时间	代表	形态状况
1857年	 美国纽约豪沃商场	豪沃商场是由J.P.盖纳设计的首个灵活运用铸铁楼板框架结构的五层商业空间，也使用了当时流行的预制铸铁面壁工艺。此外，它还是首个安装乘客电梯的百货公司建筑
1888年	 莫斯科新贸易大厅	最大和最复杂的拱廊形态的商业空间
1899—1904年	 芝加哥卡森皮里斯科特	首个用钢架结构建造的商业空间，并在外部暴露结构。平行于街道的布局下，其整体形态为实现最大功能化土地利用率的方正矩形
1928年	 德国开姆尼茨朔肯商场	应用了玻璃和石材幕墙技术，并在几何矩形的前场设置了几何形花池景观，形成购物场所商业景观的雏形

时间	代表	形态状况
1936—1938年	 彼得琼斯百货和门前的斯隆广场	使用了早期的幕墙结构，并结合了开敞的商业广场形式
1950年	 美国西雅图诺斯盖特购物中心	首个采用线性景观的商业空间布局
1951年	 美国马萨诸塞州弗雷明翰	开创"线性哑铃"形态的购物空间
1953年	 荷兰鹿特丹利恩班购物中心	20世纪中叶，欧洲面对城市问题的结果不同于美国的郊区扩张。它在二战结束后开始了大量的重建项目，试图将主要交通路线与城市中心分开形成行人专用区，并进行混合用途开发。由范登布鲁克（Van den Broek）和巴克玛（Bakema）设计的荷兰鹿特丹利恩班购物中心为著名的步行线型形态的商业街案例之一

时间	代表	形态状况
1955年	 史密斯福德路英国分局	商业景观的形式与内容逐渐丰富。玻璃与钢架结构的运用增添了造型与材质的变化。商业景观的形态以"均衡"的抽象几何形为美
1964年	 英国伯明翰购物中心 大象城堡购物中心	英国伯明翰购物中心和大象城堡购物中心是英国中央重建计划CARs的典型代表，它们标志着封闭式多层新的购物空间类型在英国的兴起，多年后在英国和欧洲国家随即广泛兴起。此类商业景观状况依旧以花坛、座椅、遮阴树等基础性功能设置为主
1967年	 美国加州新港海滩时尚岛	美国加州新港海滩时尚岛是特定租户组合的典型，是以优质服装建立的时尚购物中心。这一阶段购物环境更加注重外部空间，试图通过设计迎合特定租户组合，试图以购物环境塑造为迎合特定"生活方式"的购物场所，以设计回应"价值差异"

商业区效仿的商业形态结构典范。由约翰·格雷厄姆（John Graham）设计的诺斯盖特购物中心的线性街道形式被发展为两端设置"锚店"的经典"哑铃"平面。1951年，在马萨诸塞州的弗雷明翰由莫里斯·凯切姆（Morris Ketchum）设计的名为"购物者天堂"（Shoppers World）的购物中心也沿用了"哑铃"平面。"现代购物中心之父"维克多·格鲁恩（Victor Gruen）设计的布局与哑铃式不同，在一家中央商店周围组织成一组商店，有三条行人专用道路。他设计的位于明尼阿波利斯埃迪纳（Edina）的南谷购物中心（Southdale）是购物环境形态演变过程中一个划时代的里程碑。20世纪中叶欧洲面临的城市问题与导致美国郊区扩张的城市问题不同，美国的郊区购物中心是新住宅郊区的催化剂，而欧洲城市则集中于对城镇中心的修复，包括混合用途的开发上。欧洲在二战后重建的第一个项目为位于荷兰鹿特丹的利班恩区（Lijnbann），建筑物形态被仔细地整合到城市街道的网络中，同期的商业形态设计原则在20世纪60年代中期基本确立，并持续影响着现代商业景观的形态发展。

20世纪60年代以前，商业形态历史演变是一个不具有连续关联性而相对渐进和杂乱无章的过程。随着竞争的激烈化、消费者期望的增加、对经济价值的需求和日益成熟的商业理论推动了城市商业中心布局新形态的出现。与此同时，一种新的区域商业模式应运而生，它将主要的休闲和娱乐元素与商业购物相结合。20世纪60年代左右，人们由工业社会的生产时期逐步过渡到物质丰裕的消费社会时期，人们对生活质量的要求也逐步提升。光纤的引入全面开拓了商业照明系统，也极大提升了购物环境视觉营造效果。西埃德蒙顿购物中心（West Edmonton Mall）的开放标志着世界上最大的区域购物和休闲中心的建立。购物娱乐集休闲和零售于一体，越来越多地被纳入世界各地的新计划中。虽然标准式商业景观有过失败，但是出现了"混合中心"的形式，它将覆盖的空间和外部空间结合起来，建立了多种新的模式。英国北爱尔兰的贝尔法斯特维多利亚广场（Victoria Square, Belfast, Northern Ireland, UK）的玻璃穹顶和景观廊为此模式的代表。此时，欧洲面对城市问题的结果不同于美国的郊区扩张，它在二战结束后开始了大量的城市中心重建项目，试图将主要交通路线与城市中心分开以形成行人专用区，并进行混合用途的开发。由范登布鲁克（Van den Broek）和巴克玛（Bakema）设计的荷兰鹿特丹利恩班购物中心为著名步行线型购物街案例之一。随着技术与材质的发展，商业建筑与室外景观的形式与内容逐渐丰富。史密斯福德路（Smithford Way）在商业的室外空间中融入了玻璃与钢架结构以增添造型与材质的变化。1964年建成的英国伯明翰购物中心和大象城堡购物中心是英国中央重建计划CARs（Central Area Redevelopments）的典型代表，它们标志着封闭式多层新的购物空间类型在英国的兴起，多年后在英国和欧洲国家随即广泛兴起。1967年建成的美国加州新港海滩时尚岛是商业空间内特定租户组合的典型，是以优质服装建立的时尚购物中心。这一阶段购物环境更加注重外部空间，试图通过设计迎合特定租户组合，并以购物环境营造特定"生活方式"的购物场所，以设计回应"价值差异"。这一时期的商业景观状况依旧以花坛、座椅、遮阴树等基础性功能设置为主，其商业景观的形态则以"均衡"抽象的几何形为美。

20世纪70年代，石油危机造成商业发展暂时的停顿，但这一时期自动取款机、条形码、光学扫描仪等技术的应用与发展，为商业发展带来了极大的便利。1976年于芝加哥水塔广场开业的美国第一座垂直规划购物中心、1977年开业的英国最大的城镇购物中心埃尔顿广场纽卡斯尔和1979年开业的多伦多伊顿中心等众多购物中心激增的数量与面积，昭示出商业建筑与景观发展的蓬勃时期即将到来。以花坛、座椅、遮阴树等基础性功能设置为主的均衡规则形态的商业景观形式也随着时代的发展与变迁，呈现出更为丰富多样、错综复杂、趣味新奇的形态表达。

3.2 消费社会语境下当代商业景观形态语言的更新

在全球化、信息化的消费社会语境下，凭借直觉经验、技术造物方式营造的前消费社会商业景观形式，与当下消费社会逻辑结构、艺术文化和个体行为等多方面嬗变影响下的当代消费生活已东趋西步了。当代商业景观设计的价值诉求发生了多方面的转向，它成为时尚表达、风格演绎、幻象营造的符号价值承载者，其艺术精神出现了由传统社会政治、宗教、伦理等的"他律"和现代社会功利性价值脱离的"自律"转变为受消费逻辑支配的状况。工业体系的标准化样式已经无法满足当下人们求新化、多样化、动态化、趣味化的使用需求。因此，呈现出由确定到流动、由单一到多元、由使用到体验的物质价值转向。种种迹象表明，消费社会的当代商业景观必将呈现顺应时代的新形态语言特征。

3.2.1
当代商业景观的非理性化思维

视像拼贴、物质满溢的消费社会，人们审美的"餍足感"需要"新"事物的激发，非理性化思维排解了理性简单化和秩序化对人类思想、情感、观念的束缚压制。斯蒂芬·霍尔（Steven Holl）认为建筑设计与其遵循技术与风格的统一，不如让它向非理性开放，一致性、标准化的理性设计成果应该遭到抵制。与西奥多·阿多诺"食欲朝思想转换"的观点不同，汤姆·罗宾斯（Tom Robins）对"审美"与"审味"进行了类同的阐述。对于大量汹涌而至的陈旧物，如同食物审味的麻木重复，人们总产生一种难以遏制的"餍足感"。过强的秩序、管制、计划、控制等理性表现都使人感到压力下无法遏制的厌倦。因此，他还认为"要舒缓人类的精神压力，则需要播撒怀疑与分裂的种子"。此时，非理性化思维（irrational thinking）即成为消除"餍足感"的一剂良药。"非理性"（irrational）的概念从字面看即"理性"（rational）的对立面，它推崇以直觉、灵感、顿悟的非理性因素为主导的思维方式，扬弃理性思维为主导的人性的控制行为。消费社会语境下，物质满溢的影像化时代，时尚作为消费的促进者和符号操纵的消费逻辑体现者，是消费社会的典型产物。消费社会时尚更迭的本质在于求新的渴望，对多层含义下的"新"的追逐进行激发，则促发了大量的消费行为。理性批判、继承与发展的非理性化思维成为设计者对消费的生活、意识形态、社会文化等的时代语境的反应（图3-1、图3-2）。

哲学、消费社会研究与设计领域的互动关联对比，有助于厘清非理性思维在时代语境中的角色。一直以来，理性思维在设计中的重要地位体现于对功能、形式、逻辑、结构的把控。20世纪60年

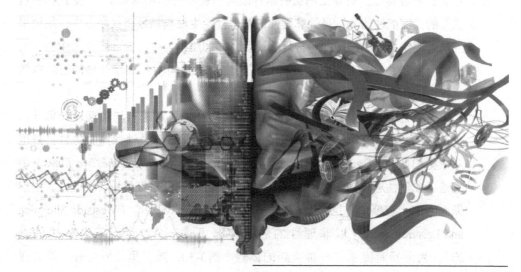

图3-1
德国领英数据提供消费社会广告媒介影响下的消费思维形态转变

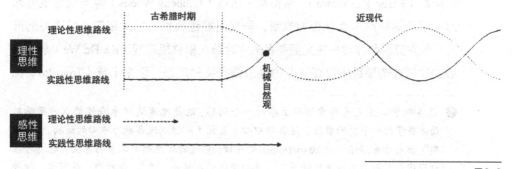

图3-2
理性思维与非理性思维传统构成

代后期，G.格拉西（Giorgio Grassi）、A.罗西（Aldo Rossi）、L.克里尔（Leon Krier）等人倡导在混乱的城市形态中构筑理性的秩序，新理性主义（New-rationalism）的倡导却加剧了人们对理性主义的质疑。与此同时，雅克·德里达（Jacques Derrida）对"逻各斯中心主义"❶（Logocentrism）进行了强烈的抨击；米歇尔·福柯建立了与理性完全相反且对当下人类生存具有重要意义的疯癫新话语；吉尔·德勒兹（Gilles Deleuze）提出了反对理性、有序性和普遍性的且脱离符号限制的"游牧符号系统（Nomadic Sign System）"。除了哲学领域对理性的怀疑与颠覆外，对消费社会理论的研究也凸显了理性思维的不适宜性。弗雷德里克·詹姆逊认为商品消费的意识形态与多元的表征构成了消费社会的重要特征。对商品消费的崇拜成为消费社会的伦理标准。"受到物的包围"的"官能性的人"身处非理性的新型社会生活与新经济秩序之中。鲍德里亚认为消费社会的逻辑即对符号的消费，亦即所指为中心转向能指为中心，由一种符号指称现实世界的逻辑的运作转变为符号间相互指涉关系的游戏拟象世界。

消费社会语境、当代哲学、文化等共同产生了对建筑与景观设计思维的影响。商业景观的基本设计原则之一即需与商业建筑设计保持整体性。丹尼尔·里伯斯金（Daniel Libeskind）在《两线之间》（*Between the Two Lines*）中阐述了非理性思维创造了当代最优秀的作品，非理性思维是设计的起点。里伯斯金在瑞士首都伯尔尼（Bern）设计的西城购物休闲中心（Westside Shopping and Leisure Centre）以非理性的思维构建了"一个21世纪富有生机的地方"，为消费者提供了一种全新的体验（图3-3）。除了里伯斯金外，埃森曼（Peter Eisenman）、弗兰克·盖里（Frank Owen Gehry）、约翰·海杜克（John Hejduk）、冉·库哈斯（Rem Koolhaas）、伯纳德·屈米（Bernard Tschumi）、黑川纪章（Kisho Kurokawa）、莱伯斯·伍兹（Lebbeus Woods）等当代建筑师都对非理性的思维与美学极为推崇，呈现出非逻辑组合的反建筑、反造型的形式。被詹克斯称作理性主义扼杀者的库哈斯在柏林凯迪威（Ka De We）购物中心的建筑改造项目中呈现了非理性思维产物的形态；伊东丰雄（Toyo Ito）深

---

❶ 逻各斯中心主义是西方形而上学的一个别称，这是德里达继承海德格尔的思路对西方哲学的一个总的裁决。逻各斯中心主义就是一种以逻各斯为中心的结构。"逻各斯"出自古希腊语，为λόγος(logos)的音译，它有内在规律与本质的意义，也有外在对规律与本质的言语表达的意义，类似于我们汉语的"道"，即所谓：道可道。即规律和本质可以言说。

受吉尔·德勒兹思想的影响，以非理性的思维创造了位于日本东京的御木本银座二号商店（MOTO Ginza 2 Chuo）这一梦幻新建筑，冷峻而锐利怪异的玻璃窗大小随机而无序地布满了建筑外立面（图3-4、图3-5）；扎哈·哈迪德的银河SOHO商业建筑（Galaxy SOHO Mall）是直觉、变化、偶然性的表达（图3-6）；埃森曼的"反观"（looking back）观念揭橥了人类中心地位的消解和逆向的理性思维。挑战现实感、秩序感及核心理性的非理性思维建构了顺应消费社会的特殊景观与意识形

(a)
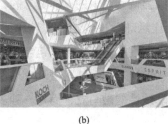
(b)
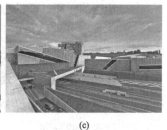
(c)

图3-3
里伯斯金瑞士伯尔尼西城康乐购物中心景观

图3-4
伊东丰雄东京御木本银座二号商店

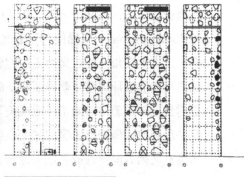

图3-5
御木本银座二号商店立面图

(a)

(b)
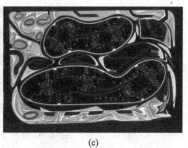
(c)

图3-6
银河SOHO商业区景观

态。因此，"他试图以'另一种'话语回避人类中心学说对人类存在组织结构的话语。"

在建筑领域，非理性思维的表现形式是多样的，即使那些倡导理性主义的设计师也会在当下的时代语境中不自觉流露出非理性的痕迹。建筑中的非理性思维源于对反逻辑的自由精神的追求，它与"混沌——非线性思维"是无法割裂的，它们同源但有所区别。后者侧重分维（fractal dimension）的、随机的和流动的，而非理性思维强调无意识的、非概念的、片段的。自由精神的追求源于多元共存的语境，这意味着设计的非理性思维不可能是纯粹"无理性"思维，它不可能完全脱离理性的内容，它是包含了理性的合题。存在相互依存关系的人类活动（艺术、设计）是无法机械划分理性与非理性的。因此建筑中的理性与非理性思维并非线性的破与立，而是一种多元时代思维下产生的建筑设计形态的异变。

20世纪60年代后期，与建筑发展一致，整体景观设计呈现出"生态主义"浪潮和"非理性"思维主导的多样化呈现的现代主义再认识趋势。哲学、艺术等理论支撑下，杰弗里·杰里科（Geoffrey Jellicoe）等人通过激发个人的潜意识（subconscious）来描绘对于设计对象的直觉与灵感。伴随着消费社会的到来，人本主义和理性主义为主导的资本主义核心价值体系逐渐瓦解，随即呈现出对消费的崇拜与符号差异逻辑下的非理性状态。伴随着价值体系的失效，人们对景观的审美也转向了"混沌美"，即复杂、个性、新奇、丰富的设计形态。那些反映时代精神与思想的景观设计成为引领时代潮流的时尚作品。此时，城市商业区因其消费性成为城市经济发展的支柱，商业空间的商业景观形态与时代精神下的形象与文化需要联系得更为紧密。基于"潜意识"的"个人情结"、同类经验沉淀的集体潜意识、场所的时代消费文化、集体记忆共同还原并转译为当代商业景观的形态语言。非理性化思维成为顺应西方物质满溢、影像拼贴的多元消费社会语境下产生的观念形态。现代理性与机械思维是对当代消费社会差异性与多元的混沌真实性的漠视，在差异和欲望覆盖的消费社会，需要的是多样性的复杂显现。人性最根本的表露是理性思维向非理性化思维转变的核心体现。商业景观作为高市场、社会、时代需求度的复杂系统，以承载复杂多变的空间、运动和事件，实现对真实的映射。非理性化思维的承接下，充分表达当代商业景观自主性、异质性和独特性的同时，营造愉悦的新奇体验感，为消费社会时代营造了更具时代精神的创造性商业空间氛围。

3.2.2
当代商业景观的视觉形象裂变

3.2.2.1　形态异质性的建构

　　当代商业景观的设计案例呈现出越来越多具有开放性、含混性、游离性的设计形态，追新求异演变为一种趋势，挑战了传统遵循逻辑、均衡有序的美学范式。当代商业景观形态与空间的异质性表达一方面契合了消费社会寻求差异性的特征，另一方面是当下"混沌（chaos）"世界颠覆传统逻辑局限而产生的适应性产物。最初的异质（heterogeneous）概念主要用于生态学、遗传学等领域，后来用景观生态学范畴的景观异质性来阐述决定生物组织的资源在时空维度的变异程度。当下，生物的机械电子化、机械的生物智能化、产品的家族性别化、造物的生物工程化等人为异化现象极大地丰富了原生态形态的面貌。从设计领域来看，这种异质性与共生思想的结合是当代商业景观形态设计语言表达的本质，又融合了以交互影响状态呈现的消费文化。异质性呈现绝非个别特征，它是社会根源性的表象。异质化的形态具有强标识性，易引发争议，进而引发大众的注意值和特异感，带来新鲜的视觉感受与场所体验，进而获得市场经济效益。异质性的建构既是对传统秩序和理性束缚的颠覆，也是当代设计师予以表达时尚前卫性的手法。从传统社会到消费社会

阶段，景观由强烈的轴线对称的自然表达转变为以"均衡"的形式为美的工业表达再到当下景观多元化的异质化呈现，它昭示了消费社会全新的生活观与世界观。当代商业景观的异质化表达正是建立在全球化、信息化、媒介化的消费社会基础之上。当下的消费文化由大众化和均一化取向转变为个性化和异质化，消费社会当代商业景观的"商品"属性需要异质性的表达以满足消费者对于新奇个性的探求。此外，技术条件也是关乎异质化表达的因素之一，技术的发展是景观设计实践与表达的支撑，信息化计算机技术推动了当代商业景观以异质性为特征的发展。异质性表达体现在中观层与微观层面视觉要素和设计生产方式的异质化。其中，中观层体现在空间的序列与尺度上，微观层面体现在空间形态、场地关系、材质与色彩上。

　　从异质性表达的中观层——空间序列和尺度来看，由传统线性的、二元的、纯粹的、严谨的结构形式转变为当下无规则的无序结构，空间之间相互流动的关系模糊了边界与分隔，边界相互对话、融合、渗透。从空间尺度和时间尺度来看，当下空间尺度的丰富性取代了以尺度"均衡"为美的标准。共时性（synchronic）与历时性（diachronic）共同作用产生对商业景观体验过程的影响，当代商业景观讲求动态的变化性，在消费群体、市场、城市环境、自然环境等多因素的变化下构成差异性的融合。微观层面的设计形态通过旋转、错序、裂变、弥散等方式形成游戏

图3-7
艾弗蕾西亚商业广场设计

图3-8
艾弗蕾西亚商业广场设计局部

性、新奇感、无序而丰富的异质化效果。在材质与色彩方面，更是广泛运用新型技术营造极具视觉冲击力的独特效果，色彩搭配也更具主题性与创造性。当代商业景观的形态语言从中观到微观层面皆呈现异质化的表达。法国景观设计师兼艺术家贝尔纳·拉素斯（Bernard Lassus）认为异质化景观较同质化景观而言，对新事物具有更强的友好包容性与适应性。社会由生产型向消费型过渡的同时，精英文化与大众文化的界限消解了，带来无深度、无中心、游戏的、模拟的时代风格，正是这种消费社会特征与异质化属性达成了一致，异质化契合了不同群体的多元差异化文化意愿的融合。当代商业景观的异质性侧重一种表达手法，在某种因素影响下改变自身特性并与周围环境具有强烈的差异性（图3-7、图3-8）。从商业性看，强烈的差异性与独特性迎合了消费者对新奇探求的欲望，是激发商业活力的触媒，与当代商业空间的需求具有一致性，也是对差异性的尊重与体现。这种形态异质性的构建引发了当代商业景观形态语言语汇、语法、修辞、语义的嬗变。

3.2.2.2　数字技术的应用

消费社会发展异常迅捷的数字信息技术，是当代商业景观视觉形象产生裂变的动因之一。数字技术的发展带来了计算机图形分析能力与设计建造技术的革新，为设计师开拓思维、辅助设计并支撑建造各种丰富的设计形态提供了强大的技术支撑，先锋的设计梦想不再高不可攀。此外，计算机作为人脑的延续，很大程度上对设计者的思维与设计构筑方式产生了颠覆性的影响。威廉·米切尔（William J. Mitchell）在1999年出版的《比特之城：空间·场所·信息高速公路》（*City of Bits:Space Place and the Infobahn*，1999）中全面地阐释了数字信息化给社会各层面带来的巨大冲击。20世纪60年代，美国麻省理工学院（MIT）的伊凡·萨瑟兰（Ivan Sutherland）《Sketchpad：一个人机通信的图形系统》的博士论文成为计算机图形学产生的开端。景观设计是颇具社会性的，比特时代的社会空间变化是巨大的。首先，信息技术的介入丰富了消费者传统的审美方式，人们超越了对真实性的依赖，审美转向多元的自由。其次，在数字与虚拟技术的支持下，当代商业景观进入全新的形态建构阶段。无论是技术上还是硬件上都为探索异质性景观形式与空间提供了巨大的技术支持。当代建筑与景观领域受计算机的影响产生了诸如虚拟现实（Virtual Reality）、赛博空间（Cyberspace）、液态建筑（Liquid Architecture）等全新的词汇。信息数字化技术已经超越了辅助工具的范畴，实现以人类生活为基础的一切文明的更新。借助计算机的复杂形态塑造能力，设计师通过

参数化控制等方式生成超越思维界限的异质性形态。除了对设计过程的融入外，计算机技术还全面地革新了从设计到实现的全过程，解决了批量化生产与个性化设计间的矛盾。

初期阶段的数字技术应用集中在商业景观设计前期对场地的科学分析与环境模型建构的优化上。例如运用地理信息系统（GIS，Geographical Information System）、Depthmap软件及Axwoman空间句法平台对商业空间人流关系分布进行量化分析。在设计研究阶段，虚拟现实技术实现了虚拟景观设计与观察者的沉浸式交互体验，同时大幅提升了信息量化的程度，提升了商业景观设计预期的实现性（图3-9、图3-10）。另外，设计过程中，当代商业景观设计的形态深受参数化设计（Parametric Design）理念的影响（图3-11、图3-12）。国际先锋设计机构及设计院校广泛地运用参数化设计理念摆脱线性的束缚，通过对参变量的控制来表达丰富异质的感性形态。参数化由内及外地演化出更多超越传统的设计形态，通过以

图3-9
单体量变化产生的商业景观设计形态

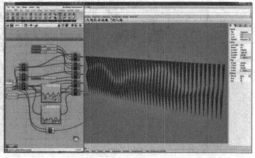

图3-10
线形分布产生的商业景观设计形态元素

图3-11
参数化设计的铺装应用（U城天街商业景观）

图3-12
参数化设计的铺装应用局部（U城天街商业景观）

NURBS为理论基础的Rhinoceros建模软件和Grasshopper插件不断涌现出奇特的形态。例如，通过对单体量差的控制，形成点状形态群集变化的点状阵列形式，演绎相似量差的个体点等以组成奇特的形态组合。位于柏林市中心的犹太人纪念碑群景观就是通过Grasshopper调整单影响因素而获得的具有迷失感的点状阵列的奇异视觉效果。线性分布的不规则量的控制已形成独特的景观形态，在当代商业景观中常以此手法构建竖向界面形态。此外，对单体分布的变化控制常以自然形态等为模仿对象，呈现具有商业标识性的奇异形态效果。

除了造型对数字技术的运用外，英国建筑联盟学院（Architectural Association School of Architecture）利用参数化软件建立树木生长需求的模拟，提升植物配置的合理性与丰富性（图3-13）。他们建立了数字原型实验室（The Digital Prototyping Lab），其中专业的工作人员可以协助学生借助实验室数字设备来生成模型，实现设计思维的全面呈现。麻省理工学院（Massachusetts Institute of Technology）的可感知城市实验室（Senseable City Lab）的目标是调查和

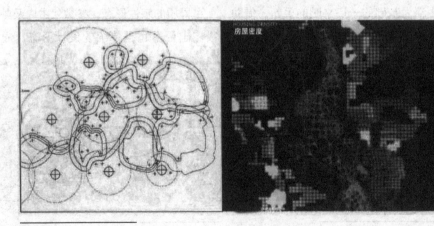

图3-13
利用参数化软件分析植物配置

预测数字技术如何改变人们的生活方式及在城市范围的影响。实验室与城市景观、建筑、规划、工程系合作，将数字技术运用于城市环境设计的各领域。哈佛大学（Harvard University）的 REAL 工作室（Responsive Environment and Artifacts Lab）致力于将数字、虚拟和物理世界作为一个不可分割的整体进行设计。[1]它从技术增强体验的角度跨学科地看待环境设计，从身体传感器（bodily sensors）、智能产品（smart product design）、界面（augmented interfaces）等微观层面到互动建筑（interactive buildings）、景观、城市建设等宏观层面，来探求数字化融合下设计表达与人类生活的新方式。他们旨在寻求以数字技术为支撑、以设计为主导的模型、技术和工艺，以调和人与城市的关系为最终目的。全新的技术手段和工作方法催生了颠覆传统的全新形态产物。在消费者、商业环境等数据采集分析的基础上与市场等多因素的融合即产生了丰富、多元、裂变的当代商业景观设计形态。数字技术的革新为当代商业景观的设计科学性提供了依据，同时激发了设计表现的创造性，拓展了设计建造的可能性，为人们带来全新的视觉盛宴及城市生活娱乐购物体验。

此外，以数字技术为支撑的比特速度和媒介时代的视觉能力已颠覆了商业景观的传统模式。虚拟的影像世界瓦解了现实，构筑的幻象阐释了一种似是而非的真理观。媒介借助技术的发展不断介入城市表面，以搭建与大众的接触式关系。居伊·德波将物品图像（images-objects）生产看作当下景观社会的主要任务，因此城市景观成为影像媒介的一部分。城市景观传播现象的背后是媒体介入城市景观的深层影响。一方面，当代商业景观与影像媒介具有紧密的关联性，镜与像可以被视为当代商业景观与影像媒介关系的描述。影像媒介是镜，它片段式映射商业景观世界及其内在复杂关系。另一方面，随着视频设备的增多及拟态影像的内爆，当代商业景观的场所无法脱离影像媒介的内容，并因其时代性介入而呈现出视觉形象的更新与裂变。炫目的当代商业景观背后，形式超越了仅对功能的追随，也追随于构筑虚拟与影像媒介的环境，在与影像媒介的交互中产生了对当代商业景观视觉形象的影响。

从影像媒介构筑了拟态的当代商业景观来看，消费社会语境下的当代商业景观被五光十色的影像媒介点缀、拓展和融合，并赋予了新的氛围。媒介与商业景观的独立关系转变为当代商业景观被媒介化的局面。媒介渗透的过程中也改变了传统的交流方式与符号语言。此外，当代商业景观的静止存在状态也被影像媒介呈现为延异性动态变化的状态影响，并形成超现实的虚幻商业景观视像世界。另外，影像媒介成就了眼球的欲望。当代商业景观的影像世界投射出世界的表象，与技术

---

[1] 哈佛大学工作室研究网站[EB/OL][2019-8-10]www. research. gsd. harvard. edu.

图3-14
影像媒介影响下的消费者注意力
时长缩短、视觉刺激预期升高

图3-15
美国纽约时代广场影像
媒介的泛滥

图3-16
影像媒介与商业
建筑的拼贴

的融合产生全新的特性，对当代商业景观形态语言产生了强大的剪切、分解和重构力量。媒介技术的发展意在搭建公共接触并产生轰动效应，当代商业景观形态为适应影像媒介的传播而产生调整、适应与裂变。除了影像媒介与当代商业景观相互"镜像"关系的影响外，影像传媒为人们构筑的影像世界改变了消费者本身的视觉习惯、行为特征和价值取向。大卫·刘易斯（David Lewis）认为由于影像媒介等的刺激，人们的注意力持续时间显著缩短（图3-14）。这引发当代商业景观对视觉形态的导向与刺激作用的加强关注（图3-15），这也可被视为当代商业景观视觉形象由有序的、规则的、均衡的走向裂变的因素之一（图3-16）。

3.2.3
解构主义商业建筑的影响

解构主义商业建筑对当代商业景观形态语言的影响主要源于两者的相互关系。商业景观既作为建筑环境的衬托，又是建筑物的组成部分。因此，两者的形态语言表达具有统一性。此外，与时代背景密切相关的建筑，是人们顺应、思考、质疑时代的承载者。当下随着科学技术的革新、消费主义的膨胀、后现代文化等因素的影响，"理性"逻辑构建的体验认知方式与建筑结构模式都显现出时代的局限性，解构哲学影响下的建筑形态在某种程度上顺应了当下时代的特征而成为先锋性设计语言。从人类最早的建筑学家维特鲁维（Vitruvii）制定的建筑实用、坚固、美观三原则到当下流变的建筑思想与美学范式，体现了社会对建筑形态与构成的需求更新。人们惯有的行为习惯与语言表达即形成了语言形态并与观念相匹配，现象—形态和结构—深层形成了当下文化的结构力量，所以当依附的语境发生改变时，瓦解旧秩序成为当今的创造任务，即"解构"（deconstruction）应运而生。同时，消解哲学产生了对建筑创造观念的影响，从而产生了颠覆传统建筑秩序的建筑创作观念。当代解构主义建筑以散乱、残缺、突变、动势、奇绝为特征，以一种反美学的方式构筑了全新的建筑游戏规则。其中，解构主义的商业建筑形式更广泛地成为商业主义追捧的对象。譬如，丹尼尔·里伯斯金的伯尔尼西城休闲购物中心（Westside Shopping and Leisure Center）建筑的不规则解构割裂效果，形成了独一无二的城市商业景观。里伯斯金位于美国的另一商业建筑作品——美国MGM城市中心，内部融合了零售、休闲、酒店等功能的庞大建筑体以其标新立异的解构形态成为城市潮流的新象征。此外，MVRDV建筑事务所的东京表参道环流商店（Gyre Omotesando）建筑作品、扎哈·哈迪德的银河SOHO（Galaxy SOHO）、彼得·戴维森（Peter Davidson）的SOHO尚都建筑等，极度自由的形态、要素间的碰撞、不安动势的呈现与商业效应需求相契合，从而引发人群的追捧与关注，成为当下时尚的商业建筑语言形式。国内外商业项目更是以重金邀请具有解构设计语言标签的明星建筑师，借此提升关注度与话题性，以带来巨大的商业效益。

20世纪80年代著名的美国纽约"七人解构主义展"是解构主义建筑产生公众影响力的标志性事件。举办者建筑评论家M.威格利（Mavk Wigley）和P.约翰逊（Philip Johnson）因七人设计风格特征

的相似而集中展览。随后的六月，纽约现代艺术馆的解构主义建筑展引起了业内外人士的广泛关注。弗兰克·盖里、伯纳德·屈米、雷姆·库哈斯、扎哈·哈迪德、丹尼尔·里伯斯金、彼得·埃森曼、蓝天组参加了作品展出。盖里因雕塑般奇特不规则的设计造型而独具风格，以破碎的整体形式构建看似漫不经心的新形式，其设计充分体现了解构主义的灵魂；屈米创建了空间与事件的新联系，以不重复的美学形式创造层次模糊而充满生命力的场所；库哈斯的设计方法基于时代特征引发的建筑功能"不确定性"，在功能的肢解和分析中实现单元的重组创造，以新奇多变的建筑理念回应社会、政治、文化、技术的震荡；扎哈以一系列营造梦幻的非理性作品成为全球瞩目的明星建筑师之一，巧妙地将三维空间技术融合于建筑造型艺术中，以形态表达城市生命力的迸发和流动；里伯斯金设计的具有强烈视觉冲击力的建筑作品是多学科设计方法与理念融合的产物，作品诠释了解构主义构成手法的魅力；埃森曼常以哲学范畴的概念阐释建筑作品，将哲学与语言学理论作为解构主义建筑的依据，指引了一种新的思考建筑的方式；蓝天组采用"复杂性"的叙事技巧、陌生化的建筑语言通过系统的自组织来构建城市的活力，以"建筑必须燃烧"（Architecture Must Blaze）为主张设计了大量视觉冲突的解构主义作品。

解构主义建筑渊源的探讨具有争议性，七人展中的两位国际建筑界权威

认为解构主义建筑源头可追溯至20世纪20年代的俄罗斯构成主义，而在英国伦敦泰特美术馆（The Tate Gallery）举办的主题为"建筑和艺术中的解构"（Deconstruction in Architecture and Art）的研讨会中认为解构这一新建筑思潮来源于解构哲学。解构哲学又名解构主义，其代表性理论家为雅克·德里达。在1966年10月的结构主义者参与的一次迎接结构主义时代的会议上，德里达的演讲对结构主义理论进行了全面的攻击，并将矛头指向西方理性主义哲学系统。他对理性传统的质疑极大地冲击了西方文化界。理性、真理、二元对立等观点借由语言结构突破，进而推翻反判。建筑师设计语言中解构美学与解构哲学的融合即产生了无序、残缺、突变、动势、奇绝的解构主义设计语言。解构主义建筑反传统建筑美学并行于解构哲学反西方理性主义哲学。虽然解构主义建筑与解构哲学具有高度的一致性，但解构主义建筑发源的问题依然极具分歧。以约翰逊观点为基础的威格利七人展评论中阐述了解构主义来源于建筑传统的观点，他认为扎哈的设计语言与弗拉基米尔·塔特林（Vladimir Tatlin）的表达极具相似性，蓝天组的作品显现出罗德琴科（Alexander Rodchenko）的"线条主义"影子。解构主义建筑与构成主义艺术共同呈现的无序、动势、扭曲等特征成为这一观念的支撑原因。但不同的时代背景是设计语言背后无法忽视的根本性要素，因此，对解构主义建筑形成的任何局限的定论都是片面的，时代语境下宏观的文化的影响不容忽视。

解构主义设计产生的形态极具偶然性，扭曲、裂解、奇绝的形态与消费社会充斥视觉影像刺激、商业广告泛滥、生活紧张的当代"快餐"文化成为匹配的表达。正如埃里克·莫斯指出当下经历的世界与简单的平衡、对称、线性作品是不匹配的。解构主义建筑以一种非美学的方式颠覆了传统美学原则，极大地丰富了建筑形态的创作。如果秩序、均衡的几何形态成为工业化社会的设计语言，那么无序、动势、残缺的"解形"语言成为信息化的消费社会的标志。

解构主义建筑在商业领域的时尚与话题性顺应了消费社会场地结构、市场需求、消费者等多因素的需求，从而大量明星设计师的"解形"语言力量产生对当代商业景观形态语言的影响。扎哈在阿联酋中心枢纽（Aljada Central Hub）项目中将无序的椭圆以动势的状态组合为建筑形态，商业景观以一致的形态元素极具偶然性的黏合产生了吸人眼球的丰富层次。在银河SOHO（Galaxy SOHO）项目中，五个连续的流线型结构体块构建了多中心的建筑空间组织，具有流动感的线型穿梭连接彼此。其景观构成延续了建筑语言的特征，以流动的曲线无序地穿梭于各开放区域。里伯斯金多个商业项目的景观都与建筑具有高度的统一性，错综的线条在各界面中延续。里伯斯金（Daniel Libeskind）设计的大运河商业广场（Grand Canal Commercial Square）残缺的面充满视觉冲击力，成为人们热衷的聚集地。MGM城市中心（MGM City Center）景观中裂变的面成为极具商业时尚性的设计语言。无论从精神上抑或是形式上，当下解构主义商业建筑对当代商业景观形态语言产生了不可忽视的影响力，启发了多样化的形式呈现（表3-3）。

表3-3　当代解构主义商业建筑列表

项目	建筑外观	建筑室内	商业景观
2018年 阿联酋中心枢纽 扎哈·哈迪德			
2013年 银河SOHO 扎哈·哈迪德			
2011年 瑞士伯尔尼西城 购物中心 里伯斯金			
2009年 MGM城市中心 里伯斯金			

项目	建筑外观	建筑室内	商业景观
2009年 大运河广场商业区 里伯斯金			
2009年 华纳百货 艾瑞克·欧文·莫斯			
2007年 DDP广场 扎哈·哈迪德			
2004年 城市生活 购物中心 扎哈·哈迪德			
2002年 墨尔本中心商务区 联邦广场 Lab建筑工作室			

语言是文化的凝聚物，是人类重要的交流工具。以语言（lingua）特征为研究对象的语言学产生于19世纪末期。语言学的目的在于挖掘语言本质并发现其规律以指导人类语言实践。语言学的核心包括语音、语汇、语法、语义。景观设计语言与语言学研究很大程度上具有类比性，景观具有除语音以外的所有特征。马丁·海德格尔（Martin Heidegger）将语言比喻为人类栖息的房子，与人类行为与生活息息相关。麻省理工学院的斯本教授认为景观作为语言使思想变得实在而可触及。商业景观作为市场的紧密关联者，其除了满足基本的景观使用功能外，还充当着商业"游说者"的角色。因此，商业景观语言文本是以语汇、语法为中心，以修辞和语义为表达，并与市场、消费者、文化、所处城市与自然环境等多因素融合而成的系统。本书以语言学的方法为基础，试图构建消费社会语境下的当代商业景观形态语言的结构框架系统，以期对未来商业景观实践活动具有一定实际参考意义。

3.3.1
当代商业景观设计的构成

依据前文概念阐释对商业景观的界定及分类，城市商业空间的典型类别依据综合业态形式与空间集聚形态划分，可分为包含聚合商业广场形式的综合购物中心、商业街和零散小规模个体。从母集看，商业景观又是景观设计门类的一个分支，因此，当代商业景观设计的构成要素是景观设计要素与商业性功能的融合。

诺曼·K.布思（Norman K.Booth）从地形（terrain）、植物材料（plant materials）、建筑物（buildings）、铺装（paving）、园林构筑物（garden structures）、水（water）的设计要素分类阐释了一般性风景园林设计要素。西蒙·贝尔（Simon Bell）将景观设计的视觉形态元素划分为点（point）、线（line）、面（plane）、实体（solid volume）和开放体（open volume）。凯文·林奇（Kevin Lynch）由五种元素引出"意象"概念，此研究对城市设计、建筑、景观皆具有启发性。他在书中指出了这些元素在各种环境意象中的普遍性，因此，也可借以构建当代商业景观的设计意象，五大元素共同构成了整体的城市商业景观设计。国内相关商业景观设计研究论文普遍将商业景观设计构成要素划分为建筑要素、设施要素（服务设施、安全设施、装饰设施）、地域要素（自然要素、人文要素）、植物要素（乔木、灌木、藤本、花卉、草坪、蕨类）、水体要素（跌落、喷涌、平静、流动）等，但鲜有结合宏观社会层面的景观形态研究。

综上所述，此处认为当代商业景观形态语言的研究可从道路、边界、区域、节点、标志物这五大主要元素的形态语言入手，探寻构成的城市商业空间整体意象及各形态语言特征，并将其视觉形态进一步剖析为点、线、面、体加以绘制与分析。

3.3.2
当代商业景观形态语言的内容

景观设计语言的内容构成在现有的研究中尚未形成统一的观点，对当代商业景观设计形态语言的研究亦是如此。景观的代码产生出一种图像的代码，并具有相互交流性，将商业景观定义为语言是以查尔斯·莫里斯（Charles William Morris）对符号学的定义为基础。他假设某一事物是刺激物，当刺激物不出现的状况下，可以引发出刺激物能激起的某种行为族的反应顺序，则该事物为符号。语言学与符号学密不可分，语言学的词汇、语法、语义本质就是一种语言符号。正如前文对符号学与设计语言的论述，在索绪尔和皮尔斯的现代符号学研究基础上，符号学成为包括景观设计、建筑设计、工业设计、广告设计等多领域借鉴的研究方法。索绪尔将语言符号界定为"能指"和"所指"的组合，能指即语言的声音模式，所指为概念（图3-17）。这类同于商业景观的能指与所指，商业景观的能指即形状、空间、尺度等元素，商业景观的所指即形式背后的意义表达（图3-18）。卡西尔（Ernst Cassirer）将语言看作外部世界与主体思维的桥梁（图3-19），这也类同于商业景观语言和人与外部世界的连接关系。此外，凯恩尼格（Giovanni Klaus Koenig）对建筑的语言符号界定也

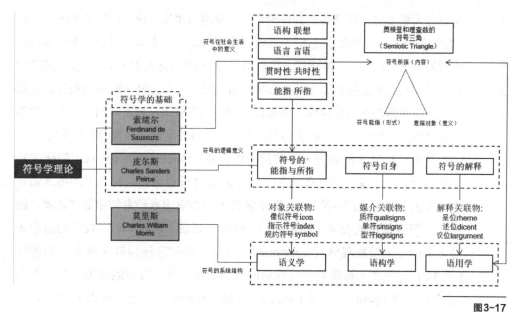

图3-17
符号学理论框架

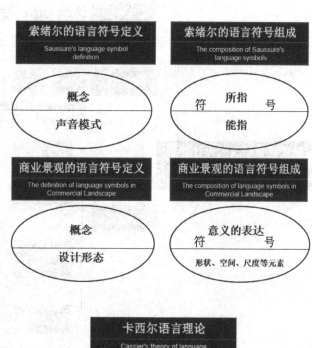

图3-18
索绪尔能指、所指与商业景观的类比

图3-19
卡西尔语言理论

可以作为景观语言符号界定的理论参照。景观与建筑一样是卓越的系统，并是"能引发行为的语言符号载体"，景观语言本身就是刺激物。爱沙尼亚生命科学大学西蒙•贝尔教授、麻省理工学院景观设计安妮•惠斯顿•斯本教授、麻省理工学院的规划系教授凯文•林奇教授、俄亥俄州大学诺曼•K.布思教授、北京交通大学建筑与艺术学院蒙小英教授、同济大学建筑与城市规划学院景观学系王云才教授、高级建筑师布正伟等人提出了各自关于设计语言的框架系统。

西蒙•贝尔教授在丹•西维亚•克罗威（Dame Sylvia Crowe）的研究基础上从生态、人文、地形等方面提出了对设计具有极强指导意义的图式语言系统（图3-20）。安妮•惠斯顿•斯本教授作为景观语言研究的重要推动者，她提出了景观语言的要素（elements）、景观的语法（grammar）、景观的塑造表达（shaping）和景观修辞（rhetoric），为景观设计方法与教学提供了根源性（图3-21）。凯文•林奇教授从规划的视角着手，将城市景观意象的物质形态划分为道路（path）、边界（edge）、区域（district）、节点（node）和标志物

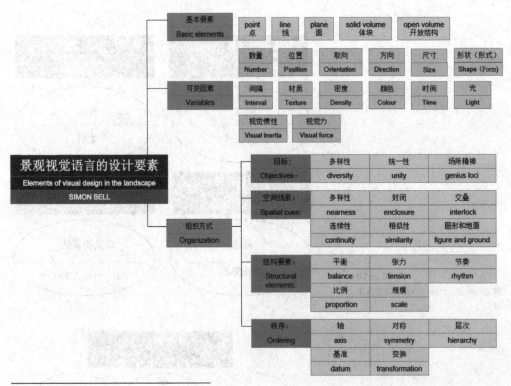

图3-20
西蒙•贝尔教授景观视觉语言的设计要素研究框架

（landmark），这五种元素成为城市景观意象表达的语言要素，并随后成为调查、分析、指导、评价城市景观设计的研究基础。诺曼·K.布思教授以物质设计语汇、基本形态、空间要素、功能耦合方式等为研究对象，构建场地设计的框架体系。蒙小英教授提出了更强调元素关联性与逻辑性的景观图式语言模型。词汇部分在布正伟的基础上进行了景观语言深化，并构建了景观设计的词法与句法。王云才教授深入研究图式语言设计方法，根据生态界面的特点将其划分为基本图式和组合图式，从而汇聚成中小尺度的生态界面语汇，并将其与设计实践融合以构成语言体系。布正伟先生构建了建筑语言结构的框架系统，词汇、句子、语段、章节构成了语形——建筑语言的"物质外壳"，并从语言意义和言语意义阐释了建筑语义的内涵，指出建筑作品的外部参照语境、文体和修辞要素。布正伟构建的建筑语言体系及建筑语言的基本语法规则对景观的语言类比具有极强的启发性（图3-22）。

综上所述，正如语言学研究的语汇、语法、语义等内容，当代商业景观也有类

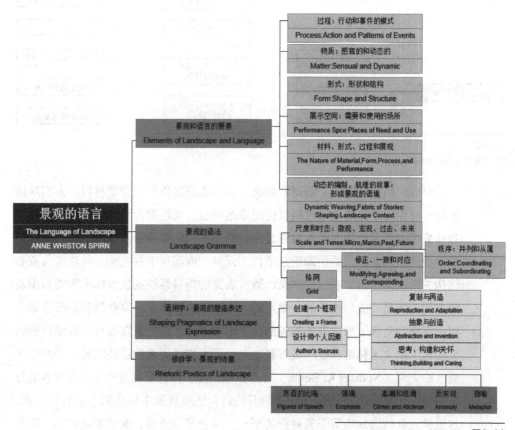

图3-21
安妮·惠斯顿·斯本教授景观语言研究框架

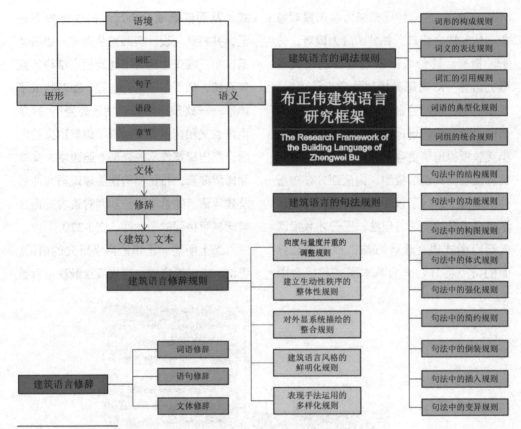

图3-22
布正伟建筑语言研究框架

同的组成。语言学的语汇即词汇系统，是构成语言作品的建筑材料。人们从语汇这一材料库中提取造句材料以传递表达信息。词汇聚合而成的分层体系则与商业景观中的设计物质元素对应起来。但基本词汇本身无法构成语言，词汇必须接受语法的支配。语法即语言单位（词位、词组等）的结构，其功能位置和结构关系决定了语言表达的意义。语言表义的符号系统抽象概括出客观对象及对象间的关系，成为抽象的、稳定的、概括的语言意义。商业景观的形态语言可以完整地对应于除语音外的各部分。本书对当代商业景观设计形态语言的研究汲取了凯文·林奇教授对城市景观意象五大构成要素的论述成果，并融合诺曼·K.布思（Norman K. Booth）对点、线、面、体景观视觉形态语言要素的分析方法。因此，将当代商业景观语汇归纳为场所意象中物质形态的五种元素，这五种元素普遍地应用于各商业场所——商业景观道路、商业景观边界、商业景观区域、商业景观节点和商业景观标志物。其中，语法规则研究则以斯本教授与贝尔教授的组织方式为基础，探寻当代商业景观场所的场地结构、空间布局、比例尺度、要素关联等。修辞以具有典型性的譬喻、夸张、引用、错综为展开论述的方式。语义则是基于前者的形态语言表达，探究当代商业景观传达的意义内涵。

当代商业景观形态语言研究构架

依据上述分析，受不同领域与研究目的影响，致使学术界对设计语言内容的研究框架存在较大差异。因此，这里以几位重要研究推动者的观点为基础，试图构建消费社会语境下的当代商业景观设计形态语言框架。以当代商业景观形态语言为研究对象，探寻消费社会艺术文化、社会结构、个体行为与高度市场化的当代商业景观形态语言的深度关联性。"含道映物、迁想妙得"的商业景观与一般性景观设计相比，具有更强的商业目的性、指向性与独特性。时代社会形态影响下产生了嬗变的当代商业景观设计形态语言，相较于其他景观类型更能探寻到时代、社会、市场的踪迹，并且当代商业景观设计的行业状况急需可供借鉴的理论研究成果，因此，构成了本书构建消费社会语境下当代商业景观设计形态语言研究的出发点。

当代商业景观是景观的一个子集，它的研究范围因限定了时间与设计性质而呈现出具体性和明确性的特点。因此，很大程度降低了形态语言研究框架的复杂性与模糊性，某种程度上遵循传统商业景观

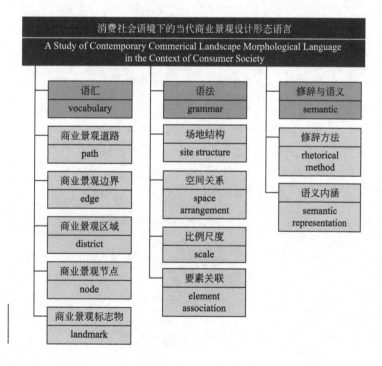

图3-23
消费社会语境下的当代商业景观设计形态语言框架

"3E"模式（经济带动模式 Economic、情感心理模式 Emotional、生态效益模式 Ecological）的同时对当代商业景观实践更具有实际指导意义。语汇、语法、修辞、语义构成了当代商业景观设计形态语言的四个主要部分（图 3-23）。语汇：道路、边界、区域、节点、标志物共同构成了一个商业场所景观独特的形态语言表达。语法：主要研究场地组织的场地结构、空间布局、比例尺度、要素关联等。修辞：为增强商业景观传情达意的效力的手法，主要以譬喻、夸张、引用、错综为内容。主要语义：设计语言背后表达的意义内涵。

本章小结

当代商业景观形态语言的形态特征与时代语境紧密关联，从前消费社会的商业空间景观形态到消费社会语境下当代商业景观形态语言的更新，体现出商业景观作为一种物态载体对特定语境的表达。排解人们"餍足感"的非理性化思维、影像媒介、数字技术应用等因素共同作用，加之时尚解构主义商业建筑的影响，共同促成了当代商业景观形态语言的更新，使其成为消费社会时代语境下的全新世界观和人生观的阐释者。因此在本章末，基于现存景观与建筑语言研究的成果，借助语言学的研究方法，提出了消费社会语境下的当代商业景观设计形态语言的框架，包括语汇、语法、修辞与语义四部分。

第 **4** / 章

当代商业景观形态语言的语汇

商业景观包含的内容超越了人们可见可闻的物质性设计存在，它是时代、环境、市场、生活等相关事物混杂而形成的印象，这一印象结合具有差异性的人，从而产生独特的设计体验与感知。与语言极具类同性的当代商业景观设计形态语言同样具有清晰的"可读性"，亦即由可认知的特征性设计语汇凝聚为一个完整可读的当代商业景观设计系统。人们凭借视觉对色彩、形状、动态等的刺激，结合动觉、触觉、嗅觉"读到"设计的语言。因此，当代商业景观设计营造是人与设计语言双向作用的结果。其中语汇是构建当代商业景观语言系统的基础，是人们建立场所印象的基本要素。麻省理工学院的凯文·林奇教授对环境"意象"的定义及组成（个性、结构、意蕴）研究成为本书对当代商业景观形态语汇研究的基础，从而构建了以商业景观道路、商业景观边界、商业景观区域、商业景观节点、商业景观标志物为语言系统基础的当代商业景观形态语言的语汇内容，通过大量案例的图析，挖掘消费社会语境下当代商业景观语汇的形态个性特征、结构与意蕴。

大众消费主义的影响下，当代商业空间超越了纯粹理性计算的经济交易场地性质，成为人们消遣娱乐、社交聚会、体验城市生活的聚集地。当代商业景观更是象征一种符号化的城市生活标签。随着其设计价值诉求的转变，以道路、边界、区域、节点、标志物为商业景观形态语言意象构成的语汇内容较前消费社会时期存在着巨大的差异。由确定到流动、单一到多元、使用到体验的物质价值转变，消费逻辑化、游戏化与界限模糊化的艺术价值转变，以及核心的符号价值的转变，体现为由均衡的、规则的、简洁的、静态的转变为错综的、多元的、夸张的、新奇的当代商业景观设计形态语言发展趋向。

4.1.1
概念

　　语汇系统结合语法系统构成语言，其中语汇即参与表达意义的形态，它的相互关系及自身变化形成了语言的语法规则，具有类同性的当代商业景观语汇亦是如此。参与表达设计意义的元素按照一定的场地结构、空间布局、比例尺度及要素关联规则形成当代商业景观的语言。在设计实践中，设计师有意识地创造符号并构建设计的语言体系，通过对设计语汇的编写与组织过程，实现文化、情感、审美、意义的传达与延续，继而设计的"阅读者"通过"阅读"这一过程结合自身经验、文化背景、生理特征等因素提取传递信息的内容。其中，设计语言的语汇正是充当这一过程中的媒介角色，语义信息传递和意图表达的效果很大程度上受设计语汇的影响。安妮·惠斯顿·斯本教授、西蒙·贝尔教授、诺曼·K.布思教授、凯文·林奇教授、布正伟先生、王云才教授、蒙小英教授等人在各自的设计语言研究系统中普遍将设计元素、视觉形态要素、景观符号、建筑结构件等基本单位等同于语汇的概念。

　　综上所述，当代商业景观语汇的概念等同于设计要素，通过对语汇进行空间结构等差异性的组织，以实现信息的传达与文化的延续。商业景观作为景观的一个子集类型，其语汇概念是在景观通用语汇的基础上结合商业景观的特性，并且在内容上体现出与经济触媒性、商业市场、消费者特征等的紧密关系。从设计实践的角度看，对设计语汇的研究是设计者有效进行语义传达的基础，如同写作成文先习字词的道理。在消费社会的时代语境下，对当代商业景观语汇的深刻剖析，有利于从形而上发现不同语境与语汇特征的内在关联性，从而更好地运用于当代商业景观形而下的实践活动之中。

　　景观语言的重要研究者将景观语言的要素等同于语言的语汇。斯本教授作为景观语言研究的重要推动者，她提出了过程、物质、形式等景观语言的要素。西蒙·贝尔教授提出以点、线、面、实体和开放体构成景观语言的视觉形态语汇。诺曼·K.布思构筑了地形、植物材料、建筑物、铺装、园林构筑物、水的一般性风景园林（Landscape Architecture）设计语汇。凯文·林奇教授将城市景观的意象语汇划分为道路、边界、区域、节点和标志物。

　　当代商业景观语汇是在普遍性景观语汇的基础上具备商业性的特征，同时加以时代背景的界定。本书以几位研究者的一般性景观语汇研究为基础构建了当代商业景观的语汇构成，通过借鉴城市景观意象的五大构成要素，将五大要素分解为点、线、面等景观视觉形态元素，探寻消费社会语境与五大语汇要素在形态上的关联性。同时，本章以众多当代商业景观实践案例为基础，剖析、总结和提炼出当代商业景观形态语言的语汇构成及特征，以对当代商业景观的实践活动具有借鉴意义。即当代商业景观语汇包含商业场所点（商业标志物和节点）、线（道路和边界）、面（区域）的构成（图4-1），同时在特征上体现出消费化的时代背景所产生的影响力。

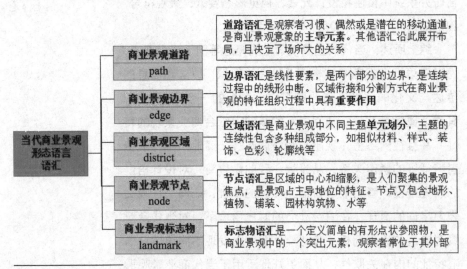

道路语汇是观察者习惯、偶然或是潜在的移动通道，是商业景观意象的**主导元素**。其他语汇沿此展开布局，且决定了场所大的关系

边界语汇是线性要素，是两个部分的边界，是连续过程中的线形中断。区域衔接和分割方式在商业景观的特征组织过程中具有**重要作用**

区域语汇是商业景观中不同主题**单元划分**，主题的连续性包含多种组成部分，如相似材料、样式、装饰、色彩、轮廓线等

节点语汇是区域的中心和缩影，是人们聚集的景观焦点，是景观占主导地位的特征。节点又包含地形、植物、铺装、园林构筑物、水等

标志物语汇是一个定义简单的有形点状参照物，是商业景观中的一个突出元素，观察者常位于其外部

当代商业景观形态语言语汇 → 商业景观道路 path / 商业景观边界 edge / 商业景观区域 district / 商业景观节点 node / 商业景观标志物 landmark

图4-1
当代商业景观形态语言语汇

4.1.3
特点

随着时代的进步与人类的发展，商业景观语汇的形态特征也在不断变化。消费社会语境下的形态呈现与前消费社会时期具有显著的差异性，但就其语汇本身的特征来看，基础性、商业性、全民性是当代商业景观形态语言语汇的特征。由商业景观道路、商业景观边界、商业景观区域、商业景观节点、商业景观标志物组成的语汇内核是当代商业景观设计文本的基础性构成要素，在消费化时代的影响下，语汇的形态特征对当代商业景观设计实践具有普遍通用性，并且这五大语汇是当代商业景观设计语言的凝练性意象构成。此外，以商业因素为思考要素的当代商业景观形态语言语汇还具有全民性的特点，商业景观语汇是社会中全体成员可感知的"公众意象"。

4.1.3.1　基础性

当代商业景观的语汇内容是构成设计的通用性基础要素。商业景观的语汇通过一定的形态语言、语法规则构建设计文本并传达信息。不同时代语境或不同意象的商业景观设计文本的语汇特征会呈现差异性，但就商业景观形态语言系统来说，语汇是最基础、最重要、最具表达性的，它是人们传递思想或解读语义不可或缺的部

分。因此人们一旦开始"阅读"设计语言，最先接触与感受的为这个部分。语汇的基础性还表现为，伴随时代语境的变化和人类的发展，语汇会作为基础而存在。其基础性作用的含义分为两种。一种是语汇的内容是不变的，以此为基础更新或扩充词汇的内容。另一种则是在此语汇的基础上构建新的词，进而扩充语言语汇的内容。

4.1.3.2　商业性

商业景观设计与其他类型的景观设计相比，它具有更强的商业经济特性和目的性，因此其语汇的构成也具有极强的商业性。商业景观道路（road）决定了人们的停留、休闲体验和消费人流引入的方式。商业景观边界（boundary）是两个区域的边界，存在相互作用与参照的关系。消费社会语境对城市商业触媒效应的需求下，当代商业景观的边界语汇形态成为时代嬗变的潜在体现者。商业景观区域从整体到细节都遵循了商业性的特征。在商业节点语汇的地形、植物、铺装、构筑物、水等"字"中皆时尚、新奇、引人注目地体现出商业性的考虑。起向导作用的商业景观标志物语汇是人们进行外部观察的参照点，独特性的商业标志物语汇形态往往能带来人流、话题效应与强商业识别性。

4.1.3.3　全民性

柯林·坎贝尔阐释了消费很大程度来源于竞争性动机。这一行为导致了普遍

认同的社会分层体系，这种竞争机制产生的消费由"有闲阶级"直接渗透至下级阶层，从而产生全民性的时尚追逐等消费行为。而商业景观在某种程度上是促进消费行为的"同谋者"，因此人们对当代商业景观语言中场所道路、边界、区域、节点、标志物语汇的感知，如同以汉语为母语的人们对"规则""错综""清晰""模糊""完整""残缺"等的理解。因此观察者的年龄、性别、职业、教育程度可能存在差异性，分组越细致，产生的设计意象解读差异越小。但当代商业景观的语汇内容是绝大多数达成共识的群体意象结果，是城市居民产生的一致性的印象，它对广大消费者而言具有普遍的全民可"阅读"性。

道路是构成当代商业景观的主导元素，人们通常以道路分解下的大区域、大特征、大地形变化来形成对商业景观的初步意象。商业景观道路的功能不仅要保证商业区内交通的顺畅，更要与整体商业景观意象特征相统一，并且它的形态具有强烈的视觉导向性，商业景观空间秩序的组织及商业景观节点的展示都依靠商业景观道路。美国城市设计师哈米德·胥瓦尼（Hamid Shirvani）在《都市设计程序》（*The Urban Design Process*）一书中将行人步道定义为城市设计的八类要素之一。胥瓦尼这一具有代表性的城市设计评价体系从不可度量和可度量两种类别展开并提出了景观道路形态的控制标准。美国USR＆E公司在不可度量指标的系统下将城市设计的原则划分为尺度与格局（scale and pattern）、多样/对比（variety/contrast）、特色（character/distinctiveness）、视觉趣味（visual interest）、协调（harmony）、空间的确定性（definition of space）、活动（activity）、清晰与便利（clarity and convenience）、舒适（amenity/comfort）、视景原则（principle of views）。因此，道路形态的特征、构成和塑造与城市商业景观设计紧密相关，即凯文·林奇提出的感觉、活力、适合等五项"执行尺度"（performance dimension）的基础。商业景观道路成为当代商业景观形态语言首要的语汇内容，并且商业道路语汇的特征、构成及塑造与消费社会化时代背景具有深度关联。

4.2.1
道路形态的特征

简·雅各布（Jane Jacobs）在《美国大城市的生与死》（*The Death and Life of Great American Cities*）中阐释了城市道路与城市氛围间的关系。与当代商业景观中道路语汇形态的表达类似，富有变化与活力的形态更能营造商业区的整体氛围。在商业景观设计中，道路常以线性几何形态呈现。道路的线性形态包括直线、曲线和复合线。其中直线道路形态又可细化为平行道路、垂直道路、斜线道路、折线道路；曲直结合的复合形态是大量当代商业景观道路设计采用的形式，它蕴含了直线与曲线的双重属性。通过对商业景观道路的长短、宽窄、疏密、曲直角度、虚实、方向等的控制表达出差异的场所意象与情感特征。当代商业景观中所采用的直线、曲线和复合线形态的道路本身就具有形态情感，在表达某种特定的景观意象的同时其形态的特征性又与消费社会语境产生了深层的关联性。直线本身给人传达的情感心理印象是明快的、硬朗的、纯粹的、刚劲的。直线方向的变化产生了视觉张力对抗的效果，呈现出地心力吸引的垂直线、支撑平面的水平线和悬而未决态势的斜线形态。直线形态下的水平道路、垂直道路、斜线道路、平行道路、交叉道路又传达出稳定、明确、活泼、强导向、动感等隐含表达；曲线形态本身是具有婉转旋律感的优雅自然形态，它成为数字时代的时尚语言；复合线形态与丰富城市语言相契合，阐释出当代商业景观的趣味与活力。商业景观道路中除了可视的或可通达的物质性形态外还包括空间中可感的复杂空间立体形态。这是这一形态的特征。当代商业景观中道路形态特征可以通过对平面图中的道路图形分析予以探寻。

4.2.1.1 错综

商业景观的道路形态语汇内容丰富，它既包含纯粹的直线道路形态，在设计中又融合折线、曲线、复合线等内容。人们在自然事物的基础上抽象出直线的形态，直线道路具有纯粹与简洁的属性。通过变换直线道路的角度，呈现和表达出不同隐含意象的水平道路、斜道路、垂直道路等道路形态。水平或垂直道路形态明确而简单，在均衡对称形式的欧洲古典园林中，轴线主导下的垂直或水平道路强调严谨、理性和永恒。斜线道路具有一定的运动感和方向导向性，作为设计的构成部分具有极强的张力。直线相交形成交叉道路，这种交叉形态产生对场所的空间分割，具有运动感与变化性。直线首尾相连形成富有活力的折线形态，折线道路增添了场所的丰富性与变化性。数字时代的当代商业景观道路中采用了大量富有韵律感的曲线道路形态，为场所增添了时尚感。当代商业景观的道路形态普遍是直线与曲线混杂的状况，即一种贴合城市本质的复合线形态。当代商业景观道路形态包含的直线、折线、曲线、复合线形态等，在视像拼贴、物质满溢的时代语境与设计价值需求嬗变下寻求一种打破规则的途径，通过变异的形态为人们的"餍足感"激发"新"的体验。

消费社会语境下当代商业景观物质价值、艺术价值、符号价值的转向，使当代商业景观普遍采用错综的道路形态构建极具体验感的多元商业空间。在语言学中，错综是一种将相同词语或整齐匀称的形式转变为词语不同或结构参差错落的修辞方法，以增强语言的丰富性，使句式富于变化而显得更具生气与活力。以消费社会为背景的当代商业景观在对丰富、多元、活力、新奇等的需求下产生了当代商业景观道路的错综特征。错综的形态造就了活力的场所氛围与趣味的购物体验，无论是直线道路、曲线道路、折线道路，抑或是复合线型的道路都以错综的形态组织并分解出大的区域。本章将通过大量当代商业景观设计项目的道路形态分层图形解析予以验证。

1988年建成的亚特兰大里约购物中心的商业景观在当时具有代表意义（图4-2～图4-5）。玛莎·施瓦茨作为20世

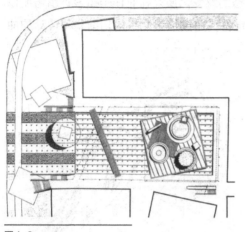

图4-2
亚特兰大市里约购物中心平面图

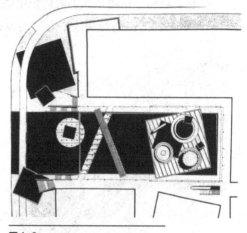

图4-3
亚特兰大市里约购物中心平面抽象形态

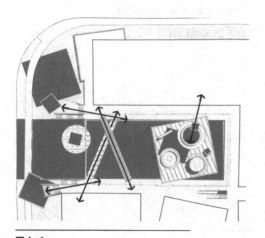

图4-4
亚特兰大市里约购物中心道路形态特征分析

图4-5
亚特兰大市里约购物中心道路形态特征透视图

纪中后期标志性的景观设计师，在这一商业购物中心的景观设计中运用了错综、剪切、旋转、叠置等手法融合夸张的蓝、红、黑、白等极具工业味道的色彩，营造了欢快而新奇的购物氛围体验。其道路形态极具错综丰富性，黑白相间的步行桥与水池呈斜线交叉关系，步行桥上方的黑色天桥反向与水池呈斜交关系，场地布局活泼而时尚。艾弗蕾西亚商业广场（Square Eleftheria）项目是扎哈·哈迪德事务所为塞浦路斯首都尼科西亚（Nicosia Cyprus）设计的商业区与城市生活结合的"催化剂"场所（图4-6～图4-9）。三角形态的无序重复构成了场所错综复杂的道路分割，最大限度发挥商业景观对城市的干预作用。动态分布的不规则三角形态极具张力，行走于边边相接的散状错综道路上，体验极为独特，颠覆了人们对传统空间形态的感受。澳大利亚Hassell设计事务所以"一站式时尚消费购物中心"为设计定位，通过错综曲折的切割线和律动的曲

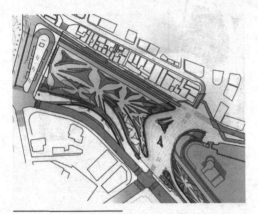

图4-6
艾弗蕾西亚商业广场平面图

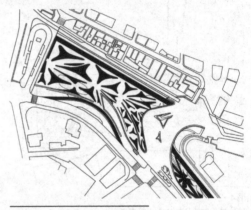

图4-7
艾弗蕾西亚商业广场平面抽象形态

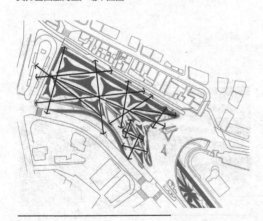

图4-8
艾弗蕾西亚商业广场道路形态特征分析

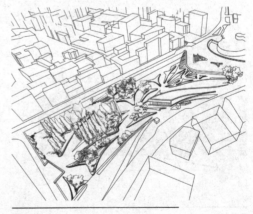

图4-9
艾弗蕾西亚商业广场道路形态特征透视图

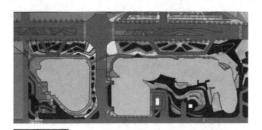

图4-10
五彩城平面图

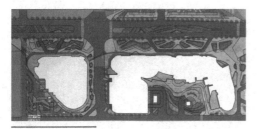

图4-11
五彩城平面抽象形态

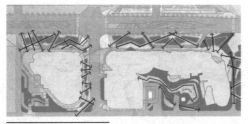

图4-12
五彩城道路形态特征分析

线道路形态构建了五彩城（CR Land Oak Bay Retail）充满活力的商业景观空间（图4-10～图4-13），极大地提高了商业效益。整体的大块形被不同方向的直线切分成为不规则的无序步道，为穿梭其中的人们带来了趣味的步行体验和视觉刺激。KBP.EU（Karres en Brands+Polyform）的阿姆斯特丹商业街区（Arena Boulevard Amsterdamse Poort）设计打破了Arena大道带状布局的局限（图4-14～图4-18），通过对自然形态的长椅、台阶、绿化池和地面起伏的控制，导流出令人倍感愉悦的错综而极具丰富性的趣味商业空间。此商业景观丰富的道路形态极大地增长了人们的停留时间，使该商业街成为阿姆斯特丹第二大夜市区，激活了区域经济发展。WATG公司和DS建筑事务所（DS Architecture-Landscape）打造的佐鲁商业中心（Zorlu Center）超越了"购物中心周围景观"的范围，其富有张力的布局形态衔接于几大重要的交通枢纽，商业

图4-13
五彩城道路形态特征透视图

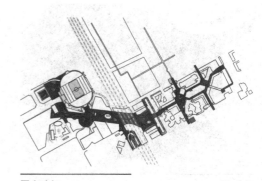

图4-14
阿姆斯特丹商业街区平面图

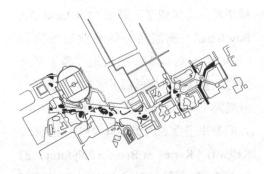

图4-15
阿姆斯特丹商业街平面抽象形态

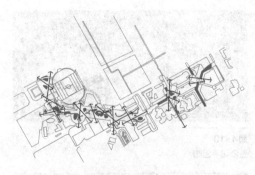

图4-16
阿姆斯特丹商业街区道路形态特征分析

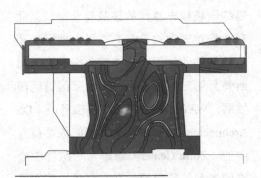

图4-17
阿姆斯特丹商业街区道路形态局部细节

图4-18
阿姆斯特丹商业街区道路形态特征透视图

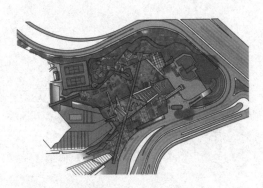

图4-19
佐鲁商业中心平面图

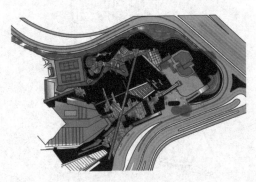

图4-20
佐鲁商业中心平面抽象形态

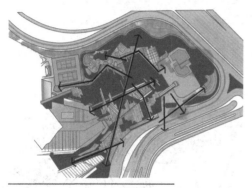

图4-21
佐鲁商业中心道路形态特征分析

图4-22
佐鲁商业中心道路形态特征透视图

图4-23
Kobmagergade购物街景观平面图

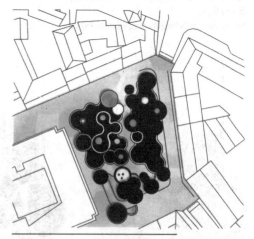

图4-24
Kobmagergade购物街景观平面抽象形态

景观兼具了城市公园的属性（图4-19～图4-22）。位于丹麦哥本哈根（Copenhagen Denmark）的Kobmagergade购物街景观在中世纪的古街区注入了现代的元素，圆形和自然的曲线主题元素叠置出错综、曲折、丰富的偶然道路形态（图4-23～图4-26）。同时设计者KBP.EU受十八世纪煤炭贸易的启发将黑色的石头铺装与设计形态相结合，表达出与历史具有连接性的全新生命力的现代主题。悉尼大型商业综合项目达令港城市广场（Darling Quarter）采用从南至北由不同方向道路从大块向小块进行场地分割，产生了形态各异的路间形，同时从大到小的尺度变化增加"步移景异"的趣味视觉效果（图4-27～图4-30）。错综复杂的轴线嵌套无序的道路形态，使场地极具时尚、动感与张力，衬托出一种一波三折的场地设计节奏。哈格里夫斯购物中心（Hargreaves Mall）是由拉修怀特设计事务所（Rush/Wright Associate

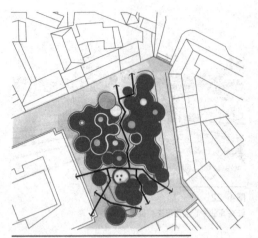

图4-25
Kobmagergade购物街景观道路形态特征分析

图4-26
Kobmagergade购物街景观道路形态特征透视图

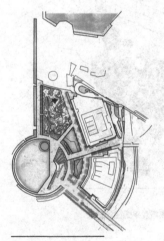

图4-27
达令港城市广场平面图

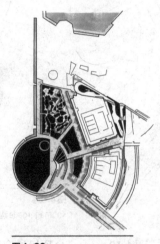

图4-28
达令港城市广场平面抽象形态

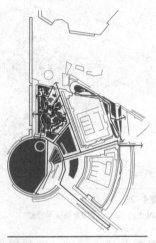

图4-29
达令港城市广场道路形态特征分析

图4-30
达令港城市广场道路
形态特征透视图

Pty Ltd）设计的生机盎然的多功能商业区（图4-31～图4-34），它在20世纪80年代的商场建设风潮中转型为步行街中心。条状的区域被错综的折线景观打断，产生错落的具有动感的丰富视觉效果。西九广场旨在为具有旺盛消费力的年轻一代营造娱乐休闲的活力城市商业空间，错综层叠的道路形态精准地契合了消费时代的主题（图4-35～图4-38）。

总之，错综的道路形态语汇为人们的"餍足感"激发了"新"的体验。强烈视觉的导向性以丰富的结构串联起了各景观节点和区域。相较于均衡几何式布局下规则道路的理性与秩序感，它构成的场地更为多元、活泼、时尚。错综的道路形态几乎成为当代商业景观的基本形态构建模式，这一道路的形态特征诠释出消费社会语境下全新的时代观念。

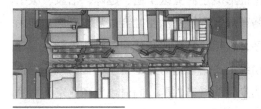

图4-31
哈格里夫斯购物中心平面图

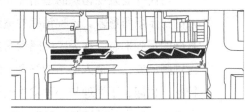

图4-32
哈格里夫斯购物中心平面抽象形态

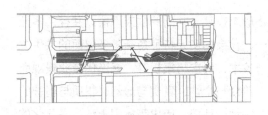

图4-33
哈格里夫斯购物中心道路形态特征分析

图4-34
哈格里夫斯购物中心道路形态特征透视图

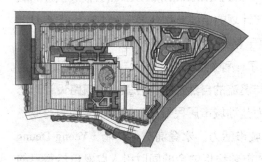

图4-35
西九广场平面图

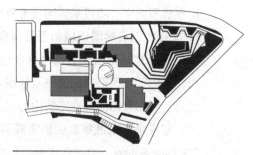

图4-36
西九广场平面抽象形态

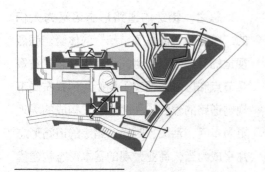

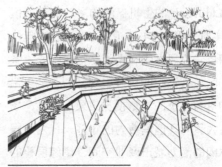

图4-37
西九广场道路形态特征分析

图4-38
西九广场道路形态特征透视图

当代商业景观错综的道路形态特征形成了商业区丰富、趣味、活泼、吸引人的初步场所意象。这种错综的道路布局区别于前消费社会以基本交通功能为基础的规则形态，在无序中蕴含有序，在错综复杂的变化中蕴含统一元素，在无规则的变化中植入形态的线索。错综的道路语汇特征迎合了消费时代的隐性特征，也迎合了生理与心理发生悄然变化的城市人群，同时也为商业空间增添了活力，并带来经济触媒效应。

4.2.1.2　多元

道路的多元特征即指多样的道路形态在某一共同的框架下得以共存。多元也被认为是当下社会的基本特征之一。社会的多元特征意味着多层面的共生关系，人与自然、历史与未来、艺术与技术、民主与集权等。就当代商业景观而言，全球化与地域化、局部与整体、普众与个性、真实与虚幻、物质与精神的各关系的共生则为主要体现。文化、场地、环境、历史等多因素结合多元化的价值倾向映射至当代商业景观道路语汇形态上，即形态的多元化特征。

荣获LEED（Leadership in Energy and Environmental Design）银级认证的城市溪流商业中心项目是美国城市复苏计划的重要典型代表（图4-39～图4-41）。美国SWA以自然溪流由始至终贯穿于整个商业区的步行道，将自然的形态与几何形态穿插融合，为商业区创建了一种新型的尺度与结构。长方形、多边形、圆形等几何形态的道路及场域与溪流的自然形态多元融合的道路设计形态使这一陈旧衰落的商业零售中心成为盐湖城市居民最热爱的城市多功能商业场所，它带来了迅速集聚的销售额和城市活力。永登浦时代广场（Yeong Deung PO Time Square）通过几何形态与城市轴线相融合的同时引入散发自然气息的自然形态（图4-42），露天场所与葱郁园间步道将"虚"空间与"实"空间进

　当代商业景观形态语言

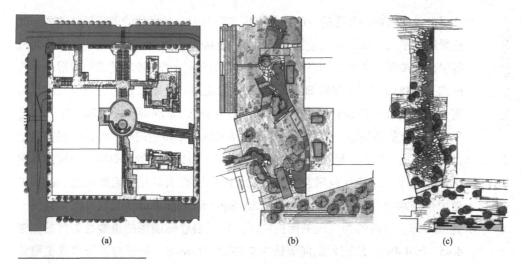

图4-39
城市溪流商业中心平面图及细节

(a)　　　　　　(b)　　　　　　(c)

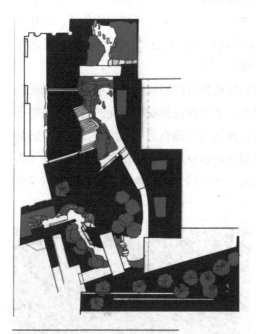

图4-40
城市溪流商业中心抽象形态

图4-41
城市溪流商业中心实景照片

图4-42
永登浦时代广场平面图

行了多元的组合，多样的空间状态满足了商业中心多样化的创意活动需要。商业景观除了人们体验购物氛围的场所外，还融入了社交、文化活动、娱乐休闲等混杂的需要，道路的形态特征也随着该项目多元化的场所需求而呈现多元的形态。"1881遗产"（1881 Heritage）商业景观是一处既反映历史背景又满足游客商业购物需求的设计项目（图4-43、图4-44）。景观设计既反映当时的辉煌又满足时代的新需求，因此商业景观表达殖民时期特色的同时增添一些富有活力的时尚设计语言。场地道路形态在围绕具有历史特点的原有树木布置的基础上融入无序的时尚几何形，丰厚的设计内涵展现出多元的道路形态。新加坡首个生态购物中心城市广场公园（City Square Urban Park）旨在为人们提供一处以回归生态自然为主题的商业空间，并以倡导环境保护重要性为目的（图4-45、图4-46）。装有太阳能板的生态屋顶和Low-E（低辐射）玻璃既是商业景观的一大亮点，又向人们传达了清洁能源的概念。春武里府（Central Plaza Chunburi）是帕塔娜（Pattana）集团以水为主要元素营造的购物中心（图4-47、图4-48），整体以水滴形为来源分割区域形成道路，并在多处以水为边界形成轻盈感的分隔。道路既有水滴的复合曲线形态又具有大直线的切割感，还在无序中引入了平行的强序列感。因此整个商业场所道路形态具有丰富的多元特征，营造了具有亲水特质的活力城市商业空间。

当下处在一个倡导多元化、异质性和模糊性的消费社会语境，商业景观的设计形态需要适应时代的多变与复杂性，当代商业景观中多元的道路形态特征某种意义上与异质共生的概念相契合，是具有前瞻性的时代策略，对现实的复杂遵循一种既具有鲜明独特性又彼此融合的设计原则。当代商业景观中多元的道路形态为城市商业带来丰富性的同时，也为城市人群营造了多样的车行与步行场所体验。

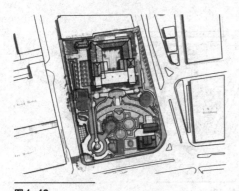

图4-43
"1881遗产"平面图

图4-44
"1881遗产"商业景观实景

图4-45
新加坡城市广场购物中心平面图

图4-46
新加坡城市广场购物中心实景照片

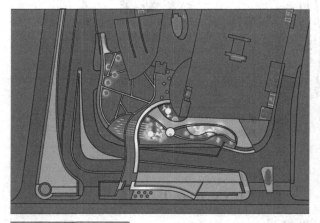

图4-47
春武里府中央购物广场平面图

图4-48
春武里府中央购物广场实景照片

4.2.1.3 多维度

从城市诗学的空间视角下来解读美国著名诗人弗兰克·奥哈拉（Frank O'Hara）对城市空间的多层次体验，即蕴含着沉重与轻盈、精神与物质、直觉与表象等诸多相互交织的特征，被看作一种立体性的晶体结构。他的城市诗作展现的视觉空间具有破碎感、多维度与多义性。当代城市商业空间更加强调了当代都市的属性，在空间与道路形态的组织上以多维度的形态特征验证着时代背景下的多义性与隐喻性。维是几何学及空间理论的基本概念，多维度的道路形态特征即增加了竖向的空间变化。当代商业景观的道路由前消费时期规

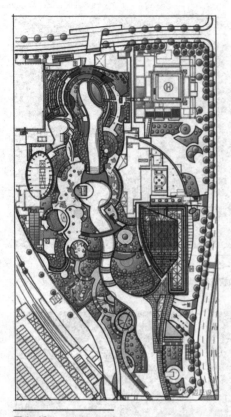

图4-49

难波公园商业中心平面图

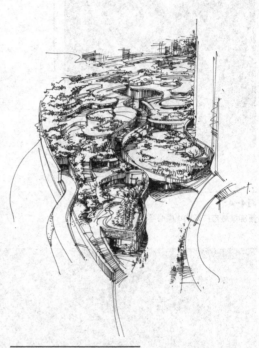

图4-50

难波公园商业中心多层次透视图

2—8 层为商业购物中心，涵盖品牌服装服饰、家具家居、宠物用品、儿童用品、运动商品、各类餐饮、电玩、影院等多元化业态。

办公大楼毗邻难波公园，自 2003 年开业，其特点优美的形式已经流行并作为一种难波区的地标。1—3 层为餐馆和商业店铺，8 层是一家医科门诊。

入口处，呈现一个被岩石覆盖的空间，仿佛一个狭小的峡谷。

暖黄色到橘黄色逐渐过渡的条纹造型，配合小湾、岩洞、河谷等空间，增添了更多的新奇色彩。

"公园中的影院"：天台花园的"园花园"。

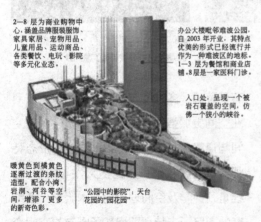

图4-51

难波公园商业中心多层次景观道路结构示意图

图4-52

难波公园商业中心多层次道路形态

整性与通达连接性为先的考虑发展为当下对趣味、体验、丰富性的结合，其形态的特征也呈现出多维的丰富变化。

当代商业景观道路形态竖向丰富维度的表达颠覆了传统商业景观一马平川的设计思路，成为构建场所独特性及提升商业区活力的普遍性手法。难波公园商业中心（Namba Parks）因其层层仄仄的趣味多维商业景观道路体验而成功聚集庞大的准消费人流（图4-49～图4-52）。在以科罗拉多大峡谷（Grand Canyon）为设计来源的空间塑造基础上组织出层层推进的多维道路，营造出于城市绿谷穿行购物的独特体验。这一多维度道路形态组织下的日

本城市商业综合体景观案例是道路形态、生态体验、商业购物多元融合的代表项目。在全球范围内与此类似的景观道路形态组织的商业区还有武汉群星城（Wuhan Star City）商业中心、土耳其伊斯坦布尔市佐鲁商业中心（图4-53、图4-54）等。被称作"天使市场"的里斯本商业广场（Passeio Dos Clerigo）是联合国教科文组织划定的世界遗产区（图4-55～图4-58），其多维度的景观道路形态将城市街道、柯尔杜雅里亚（Cordoaria）花园、戈麦斯（Gomes）广场、莱罗（Lello）书店等融为一体，曲折而丰富的道路维度形态与周边遗产景观相映成趣，带来了独特

图4-53
佐鲁商业中心鸟瞰图

图4-54
佐鲁商业中心的多维度道路

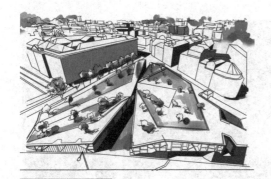

图4-55
里斯本商业广场透视图

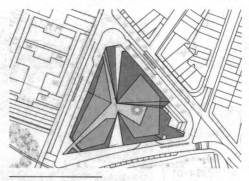

图4-56
里斯本商业广场平面图

图4-57
里斯本商业广场立面层次01

图4-58
里斯本商业广场立面层次02

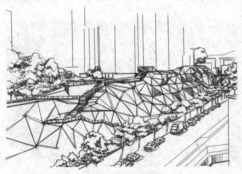

图4-59
加林德斯大道帕·卡萨尔斯广场透视图

图4-60
加林德斯大道帕·卡萨尔斯广场的多维度道路

图4-61
望京SOHO商业
景观局部

(a)   (b)

的商业体验。位于西班牙比斯卡亚毕尔巴鄂的加林德斯（Galindez）大道帕·卡萨尔斯（Pau Casals）城市商业广场通过位于岩石路基上的多维道路形态组织，使原本孤立的城市土地改善为一处趣味的公众商业休闲区（图4-59、图4-60）。竖向高差蜿蜒的道路形态结合植物、铺装、儿童游乐设施的三角元素形，打造出一处提升城市生活品质、美化城市形象、增添城市生活趣味的当代时尚商业景观。扎哈·哈迪德在望京SOHO项目的商业景观中对多材质的不规则流动感形态进行多维度的叠置，产生丰富的动感层次美（图4-61）。如今，望京SOHO商业区因其个性的商业建筑与景观设计而成为人们聚集游玩的热门景点，设计带来了强大的经济触媒效应。

当代商业景观多维度的道路形态在消费者的视觉上呈现出变化、交织和叠错的状态，增添了场所的丰富性、层次感和体验性，营造的新奇空间与商业氛围契合了当下多元、多变与复杂的时代追求。消费社会语境下的城市和当代商业景观皆成为与消费品类同的宿命，它需要满足人们对丰富性、变化性、娱乐性的需求，因此变化的多维度的道路形态成为当下商业景观形态语言普遍性的语汇特征。

4.2.2
道路形态的构成与塑造

商业景观道路的重要性会随着人们对该商业空间的熟悉程度而发生转变，但对于大多数的人群而言，道路的构建是整个商业景观设计中绝对的主导语汇。道路对场地大的区域划分成了商业景观边界、区域、节点、标志物的影响因素。中国古典园林讲求曲折迂回的道路形态特征相比，欧洲古典园林讲求几何形的"均衡"特征。消费社会时代语境下的当代商业景观道路形态呈现出错综、多元、多维度的丰富性演变，对道路这一基础性语汇构成与塑造的研究对时代背景下商业景观实践具有重要意义。本小节依据商业景观道路的分类与宽度予以展开论述，其可分为车行主要道路、人行次级道路和无障碍特殊道路。

4.2.2.1　车行道路

商业景观的主要车行道路为宽七至八米且以通车、组织排水、敷设管线等为主要功能的一级道路，某些宽三至四米的车行道路可通行通轻型或人力车辆。依据商业空间的设计主题内容设定与场地基础、建筑体、植物等其他要素结合的景观道路形态。商业景观道路如上小节所述有直线形态、曲线形态、复合形态等不同的道路线型，形态的呈现结合功能的布局即产生变断面、边界外延、广场融合等具体的变化。随着城市商业场所对车辆疏散量激增及车行道路商业区视觉形象优化的需求，大量的商业景观车行道形态布局以错综的变化实现车辆分流。以多元化的丰富车行线路增添商业场所的体验层次，树立由远及近、由粗及细的独特商业场所意象，

图4-62
五彩城车行道路形态

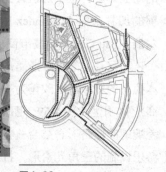

图4-63
达令港城市广场道路形态

以多维度的道路形态增添体验的丰富性与趣味性，满足柯林·坎贝尔定义的人们求"新"渴望的本质。

　　澳大利亚 Hassell 设计事务所运用错综曲折的切割线条环状组织了五彩城的车行道路（图4-62）。通过保持车行道路形态分割下铺装、景观花池、色彩、肌理等的延续性，减弱车行道路布局对商业场地完整性的影响。此外，通过车行道切割出拐角处的岛形铺装变化起到分流车辆的作用，在满足司机对道路的安全性预估前提下，走势错综变化的车行道路使人们对整个商业综合体形成了更深刻的品牌意象。悉尼大型商业综合项目达令港城市广场的车行道路错综分割出形态各异的区域（图4-63），场地的车行视觉效果由北面丰富的竖向景观层次向南面纯粹的草坪面，丰富错综的车行路线结合南北向的景观层次变化产生了"车移景异"的趣味视觉效果，形成了个性化的商业景观身份识别。日本大阪商业区的难波公园商业中心车行道路形态与层层仄仄的景观及城市干道流行进行了完美融合，借竖向高差组织车行道路形态，并与整个停车场分区对接来管理庞大商业体的复杂车流，形成了竖向穿插的多维车行系统，实现了车行体验提升与车流高效管理的结合。

4.2.2.2　人行道路

　　人行道路是引导人流到达各功能空间的区域性道路。当代商业景观中的人行道路一般不以捷径为原则，而是重商业景观的体验。相比车行道路或商业景观场所的主要道路，其交通性更弱。此外，相比综合型商业中心的人行道路的区域性引导作用，城市商业步行街空间形式下人行道路形态承托了整个步行商业区域的组织。这类单纯步行道路组织形式下的商业形式极大地缓解了人车拥堵的交通状况与安全隐患。当代商业景观中对更多步行道路形态下可利用空间的挖掘，提升了人们驻足的时间、愉悦的体验感和消费购物的频次。当代商业景观人行道路综合塑造的更新使人们在进行购买行为的同时体味多层次的、趣味的、丰富的城市商业区魅力。

人行道路的形态可以通过地面铺装、肌理、色彩、构造等予以塑造。地面铺装本身从材质的区分上构成了设计形态，此外还构成了城市文化、商业区形象、区域视觉效果。对行人的生理特性研究表明，人们更多的是将视线轴向下偏移10°左右以确保安全性的同时概览周围环境。因此，商业区底界面铺装在高频的接触下对人的视觉、生理和心理产生了极大影响力，同时也直接关系商业场所的氛围感受。位于湖北武汉的汉街万达广场（Hanjie Wanda Square）商业景观人行道路铺装采用了丰富的点（dots）的形态组合构成了奇异幻象的视觉效果（图4-64～图4-67）。2013世界建筑节（WAF）提名的清莱中央广场（Central Plaza Chiang Rai）商业景观中人行道路的铺装以错综无序的异变自然形态营造出活泼时尚的商业氛围（图4-68、图4-69）。除了地面铺装对道路形态的塑造方式外，人行道路色彩的处理也是道路形态显现出特殊

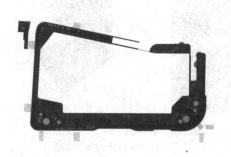

图4-64
武汉汉街万达广场平面图

图4-65
武汉汉街万达广场人行道路铺装形态

图4-66
武汉汉街万达广场透视效果图

图4-67
武汉汉街万达广场平面图局部

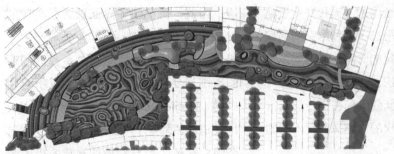

图4-68
清莱中央广场平面图

图4-69
清莱中央广场透视效果图

图4-70
Superkilen城市广场透视效果图

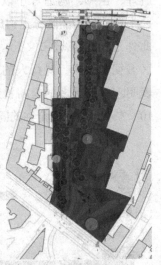

图4-71
Superkilen城市广场平面图

性的又一要素。位于丹麦哥本哈根的Superkilen城市广场（Urban Revitalization Superkilen）在多元的理念元素中融入变化的拼贴的道路色彩，大胆地运用跳跃的红色系进行错综的随机拼贴，营造充满活力的商业氛围（图4-70、图4-71）。树池、路牙、街具座椅等常共同塑造出人行道路的形态，例如毕尔巴鄂因多图（Indautxu）广场无序形态的树池构造出人行道路形态的错综与丰富，大大小小肆意分布的圆形树池及环绕的道路赋予了场所活跃的氛围（图4-72、图4-73）。望京SOHO商业景观通过水景、台阶、灌木高低错落的形态，塑造了富有多样化形式美感的人行道路（图4-74）。

人行道路是人们感受商业景观的重要"向导"，凭借铺装、色彩、构造等形态塑造方法，能为当代商业景观带来具有丰富体验性的城市商业活动空间。

图4-72
毕尔巴鄂因多图广场效果图

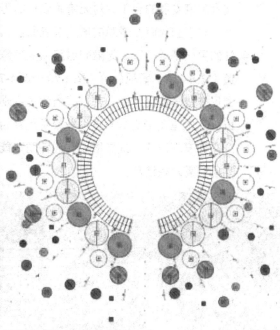

图4-73
毕尔巴鄂因多图广场平面图

图4-74
望京SOHO人行道路局部形态

4.2.2.3　无障碍道路

  城市商业空间是当代人们消费与休闲的重要场所，因此商业场所的设计对象需以"所有人"为出发点，其中包括老年人、儿童、残障人群等其他行为不便人群的使用需要。1974年，联合国残障生活环境专家在美国制定的关注无障碍设计（Barrier Free Design）的《建筑残障法》（*Architectural Barriers Act*）的基础上提出无障碍环境（BFE）的概念。其中，无障碍通道是确保此类人群商业空间通达性的基础。楼梯、台阶、坡道等构筑物会给行动不便等该类人群带来障碍性。在科学技术高度发展的当下，对无障碍设计的思考是当代设计师义不容辞的责任和义务。对于当代商业景观的道路系统而言，无障碍道路是车行道路与人行道路以外的另一基础类别。无障碍道路需要特殊处理的结构包括进入建筑的无障碍坡道（图4-75）、景观台阶（图4-76～图4-78）、景观座椅等。商业区的无障碍坡道形态较早期商业中心的形式增添了不规则的形态变化，例如曲折的角度不再以90°为常用形态。某些商业景观也将台阶与斜坡道进行融合，形成独特的竖向交通景观形式，或是增设交通辅助功能的景观构筑物等，以将体验性与基本功能的需求相结合。

(a)

(b)

图4-75
商业景观无障碍坡道设计

图4-76
商业区内具有交通辅助
功能的景观构筑物

图4-77
商业景观内楼梯与坡道的结合

图4-78
商业广场上楼梯与坡道的结合

　　商业景观中的无障碍道路设计旨在消除残疾人、老年人等弱势群体在城市公共商业空间中行为的障碍。通过对无障碍道路的思考与设计，提高人们生活的质量和场地的安全性。当代商业景观无障碍道路形态的塑造已由基本的单一形态发展为更具趣味性、丰富性和整体性的多元形态。这一功能性的基本要素成为整个设计中的局部亮点，为人们营造了富有趣味体验性的当代商业景观。

4.3 商业景观边界

边界是除道路以外的线性要素。在当代商业景观中，边界常在区域间起相互参照作用，它是两个部分的边界线，是商业景观场地中连续状态下的线性中断，例如商业景观中的围栏、水域的分界线、商业用地的边界等。边界是横向关系界定的参照性要素，将区域之间区分开来。相比作为主导元素的商业景观道路，边界虽不像道路那样起到分解区域的重要性，但它以形态中断存在的同时又能起到串联区域的作用，例如商业景观中的某一矮墙构筑物等。边界的连续不可穿越性越强，其对视觉的主导性则越强。随着全球化时代的浸透、信息数字化的泛滥以及消费的狂热，当代商业景观呈现出由确定向流动、由单一向多元、由使用向体验的设计诉求嬗变，随即商业景观的边界形式与形态特征产生了由明确向模糊、由完整向破碎、由相对独立性向渗透性的变化。

4.3.1
边界形态的特征

4.3.1.1 模糊

随着时代的变迁与进步，人类对外部世界与内部自我认知程度也发展了，人们渐渐形成了内在意识较完整稳固的参照。物质化景观空间的参照不同于抽象化层面的自然科学，其参照也不是三维或多维空间，而是以苍茫的天空与广袤的大地为其参照。然而，形而上学的中心论也随着人们对景观空间理解的分化、解放和扩张崩解了，形成了感受者与被感受者相互反应的状态，即凯文·林奇教授提出的与观察者心中意象个性、结构、特点契合而产生的"环境意象"（environmental image）。界定的模糊成为消费社会开放、流动、多元需求的基础，而当代商业景观边界的模糊是融合、对话、渗透、交织的呈现。当代商业景观明确空间的弱化与功能的多元化扩展皆契合了"松动空间（loose space）"理念，表现为形态上的"无序性""模糊性""破碎性"。当代商业景观还蕴含区别于其他景观的"触媒"（catalyst）属性，它是作为一种催化剂"改变、加快化学反应速率"，即商业景观对商业区带来正面的经济、文化等影响，除了商业景观设计本身的成功，还需实现带动人气、刺激地方发展、增添城市活力。因此当代商业景观边界语汇的形态常以模糊为特征，在最大限度上避免明确边界带来的阻断效应。

边界的模糊特征主要指商业景观场地的边界及景观区域内分区的边界。当代商业景观场地边界模糊的形态特征主要体现在形态的无连续与无区隔上，竖向高度的变化、形的变化、使用功能的混合、材质的过渡等都使得当代商业景观的边界形态越来越趋于模糊。前文已提到的艾弗蕾西亚商业广场的场所边界正是以形塑造的模糊边界的典型（图4-79、图4-80）。错综复杂的道路分割下的无序的三角形态与城市空间具有极强的融合性，人们很难察觉广场的边界，正是这一边界的特征，结合强引导性的边界下沉地形设计，很好地发挥了该"催化剂"场所的效应。城市溪流商业中心项目试图模糊自然与城市空间的界限（图4-81、图4-82），为人们带来一种滋养身心的多元化购物体验。因此，其人工溪水的边界设计不同于早期商业中心规则几何式的、隔离的、非体验的形态，而是以模糊的边界强调一种与自然融合、可参与、沉浸式的商业景观体验。这种将自然形态及元素引入的设计方法在当代商业景观中极为普遍地使用。由于当代商业景观的物质价值转向流动化与多元化，使用功能突破了功能分区的界限，因此以一种更加灵活、更加丰富、更加杂糅的设计形式存在，边界形态便在分区内部也呈现出了模糊的特征。SWA景观公司设计的桑塔纳商业中心（Santana Row）打破了商业街横平竖直的内部划分，以小尺度的进退变化结合功能的点状填充，边界模糊的场所内布局极为紧凑，这一商业景观

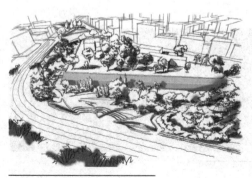

图4-79
艾弗蕾西亚商业广场模糊的边界状态

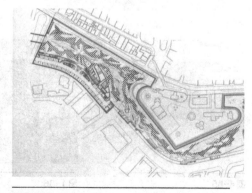

图4-80
艾弗蕾西亚商业广场模糊的边界（斜线处）平面图示意

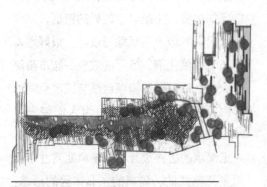

图4-81
城市溪流商业中心模糊的边界（斜线处）平面图示意

图4-82
城市溪流商业中心模糊的边界状态

图4-83
桑塔纳商业中心区域内
模糊的边界状态

图4-84
桑塔纳商业中心模糊的边界
（斜线处）平面图示意

图4-85
弗利辛恩市贝拉米商业街模糊的
边界（斜线处）平面图示意

图4-86
弗利辛恩市贝拉米商业街模糊的
边界状态

图4-87
洛伦斯科格中心广场模糊的
边界状态

图4-88
洛伦斯科格中心广场模糊的
边界（斜线处）平面图示意

图4-89
洛伦斯科格中心广场细部
构造

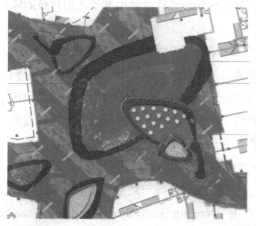

图4-90
南方东银ARC中央广场模糊的边界
（斜线处）平面图示意

图4-91
南方东银ARC中央广场平面图

项目被誉为增值型空间营造的典范（图4-83、图4-84）。弗利辛恩市贝拉米商业街（Vlissingen Bellamy Shopping Street）的设计者的设计以"随见随玩"来界定商业区的场所意象，通过放置错落的平台结构搭配绿色的植物元素，弱化了场所区域的局限，即营造了"随见随玩"的活力商业场所（图4-85、图4-86）。洛伦斯科格（Lorenskog）中心广场（Lorenskog Central Square）错落叠置的台阶、四方延伸的铺装及层次丰富的座椅等将广场的边界打破，丰富的内部设计使得界限被忽略，商业场所成为多元融合的场域（图4-87～图4-89）。南方东银ARC中央广场（Nanfang Dongyin ARC Plaza）内肢解的景观组团形态呈现出场所丰富、活力、变化，这也建立在场所内模糊的边界处理基础上（图4-90、图4-91）。

当代商业景观边界模糊的形态特征是对当下开放的、动态的、多元的时代语境的准确诠释。模糊的边界处理赋予人们于开放商业空间下更多的行为自由，并以一种模糊的形态处理应对了时代动态性的商业景观设计物质及审美需求。

4.3.1.2 破碎

在汉语词典中,"破碎"即零碎残缺,整体被割裂或肢解为小块。这一词语很好地呈现出当代商业景观的边界形态特征。边界处看似漫不经心的塑造实则满足了消费化的社会语境的追新求异需求。文化中蕴含的对立、矛盾与冲突也借由含混的、残缺的、游离的形态呈现出来。颠覆传统均衡、统一、完整、有序表达的破碎形态语言展现出人们意识形态、价值观念及审美观念的嬗变。"震裂式"和"未完成"式的边界形态处理隐含着对传统秩序的打破,这种不完整、不和谐、不趋同的当代商业景观边界处理方式反而引发了人们兴奋的体验,避免了沉闷的商业氛围。

扎哈·哈迪德的设计强调时代个性,在设计中反映对现实复杂性的思考。她在艾弗蕾西亚商业广场项目中运用偶然性蔓延的三角形态,以破碎的布局构建了整个商业场所景观,穿插与错动的形态极具动感(图4-92)。佐鲁商业中心错综复杂的场地结构与空间布局营造了富有张力的独特商业景观,恰是边界形态的零碎残缺极大地增加了商业景观聚集人流的效应,为人们带来了独特的径行购物游览体验(图4-93)。五彩城由不同方向的直线切分形成不规则的破碎景观边界,使人们对商业中心产生强烈的视觉兴趣与刺激,并营造了活泼的场所氛围(图4-94)。南京绿地购物广场(Nanjing Green Space Shopping Plaza)以灌木绿植的形式作为与城市道路的边界分割,将条状整体作直线割裂,形成了破碎的形态效果,这一形态语言在当代商业景观中使用广泛,以一种细节的处理反映出思维方式、社会秩序、消费社会后现代意识形态的转变,破碎的

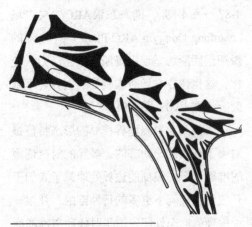

图4-92
艾弗蕾西亚商业广场破碎的边界形态

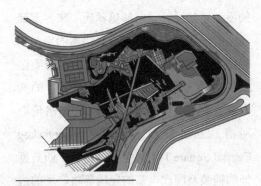

图4-93
佐鲁商业中心破碎的边界形态

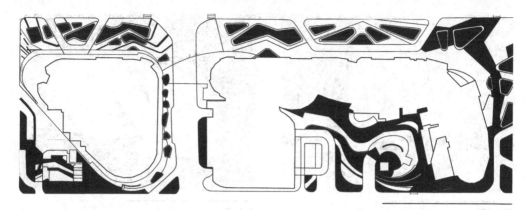

图4-94
北京华润五彩城破碎的边界形态

图4-95
绿地购物广场破碎的边界形态

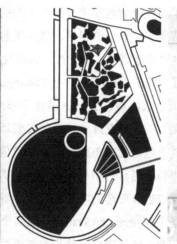

图4-96
达令港城市广场破碎的边界形态

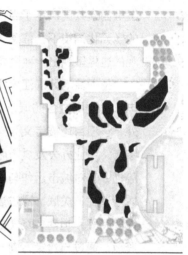

图4-97
盖勒瑞尔（The Galleria）破碎的边界形态

形态本身体现着对社会"复杂性"的思考，借由这些丰富的、复杂的、破碎的边界形态处理构拟和还原这些"复杂性"（图4-95～图4-97）。

4.3.1.3 渗透性

当代商业区对于城市发展而言具有重要地位，它对激发城市活力与城市发展能产生极化和经济扩散效应，对邻近的区域能够产生一定范围内的"增长极"（growth pole）以带动周边区域共同发展。当下，城市商业区逐渐演变出一种新的热点——RBD（Recreational Business District）游憩商业区模式，盖特兹（Getz）认为它与商业购物中心的关系是重叠的。城市中商业、旅游业、游憩业融合的当代商业景观成为当下消费社会语境对人们时代需求的再定位。人流聚集、经济发展、场所氛

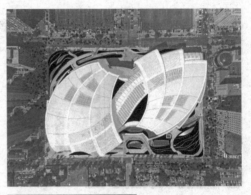

图4-98
上海绿地中心的渗透性边界形态

图4-99
恒隆广场的渗透性边界形态

围等因素共同决定了当代商业景观边界语汇形态的渗透性特征，融合消费社会的多元化语境下，信息化、复杂性科学、共生思想等多重的作用，当代商业景观的边界呈现出一种更具渗透性、辐射性、触媒性的时代特征。

位于徐汇区滨江板块的上海绿地中心（Shanghai Greenland Center）以自然与人类空间融合的城市农场概念为线索贯穿于整个商业景观中（图4-98）。此外，该项目还被定义为一个以交通为导向的发展项目，在步行距离内构建商业零售、商业办公及城市服务的城市网络发展新价值。该类项目具有典型性与趋势性，其对城市运作与发展具有积极效应，因此其景观边界形态注重对其他区域渗透性的关联。通过边界形态的呼应、延展、导向、连接等处理体现其渗透性的特征。恒隆广场（Olympia 66 Dalian）以两个角点作为商业景观延展的渗透点，通过与建筑方向一致的自然弧线形态的延展产生对城市公共场域的影响（图4-99）。商业景观形态构成了与建筑及城市周围的呼应与平衡关系，共同营造了这一时尚、购物、娱乐为一体的城市"触媒地"。

4.3.2
边界形态的构成与塑造

当代商业景观的边界不再是作为区隔的屏障，而成为城市凝聚的缝合线，更多地寻求区域间的联系，起到一种既分又合的作用。它常与道路元素重合，边界常常也是道路，人们能以动态的移动感受边界的形态与意象。当代商业景观的边界既指商业区与城市其他区域的界限，又指商业景观内部区域间的划分界限。因此，本小节依据宏观至微观论述商业景观大的红线边界及内部区域边界予以展开。

4.3.2.1 宏观边界

商业区宏观边界形态的塑造主要通过构筑物（路堑、道牙、座椅、花池、商业广告牌、围栏）、铺装、水体（人工、自然）、高差、色彩等作为领域的参照基准，花池、座椅、围栏等对竖向区域界限划分的同时满足人们对场所功能的需要。这些富有形式感的构筑物也是塑造商业区形象、烘托商业主题建筑、营造商业区购物氛围的重要元素。人们通过动态的移动感受的景观空间是空间规模与实体的综合。当代商业景观以模糊、破碎、渗透性为特征的边界塑造是新的时代语境下意识形态的体现。

萨拉戈萨（Zaragoza Aeropuerto）的波多韦内西亚（Puerto Venecia）项目是欧洲最大的休闲和零售中心（图4-100）。该案景观设计师麦格雷戈（Macgregor）通过水景、广场、植物、小品的商业景观融合带给人们丰富的体验。它的商业景观边界处理巧妙，将精美的艺术品散落于边界的人行道上，瞬间使边界活泼开放而引人注目，以此为城市活力渗透的锚点，对城市区域产生积极的影响力。西九广场（Xijiu Plaza）通过线状水景、高身花槽、混凝土台阶、原木台阶等结合高差变化界定城市宏观边界，错综层叠的边界形态契合消费时代的主题的同时也引来了大量人群来此休闲娱乐（图4-101）。尚嘉中心（Lavenue）对边界的塑造具有典型性，以植物塑造商业景观宏观边界的形态，同时通过地被与灌木的高低层次丰富竖向关系，营造出生态、丰富、活泼、亲切的边界形态效果（图4-102）。拉普绕中心（Central Plaza Lardprao）通过竖向高度的落差实现商业景观边界的塑造（图4-103），商业区入口台阶的设计增强了进入的仪式感，设置了两个进入的层阶变化。并且结合树池的高度与造型增添层次与丰富性，这种设置竖向高差的方式也是塑造当代商业景观边界的常用手法之一。

图4-100
波多韦内西亚休闲零售中心边界道路上的参与式艺术品

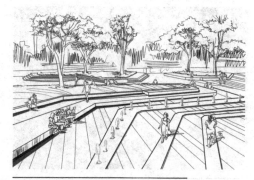

图4-101
西九广场的水体、树池及座椅对边界的塑造

图4-102
尚嘉中心以植物塑造商业景观边界

图4-103
拉普绕中心以竖向高度的变化塑造商业景观边界

4.3.2.2　微观边界

　　当代商业景观的微观边界主要指内部区域间的界限处理。与宏观边界不同的是，微观边界的形态塑造与区域的形态密切相关。由于对传统美学范式的突破以及对传统意识的颠覆，当代商业景观创作的形态语言本身呈现了异质性，即第3章阐述的当代商业景观视觉形象裂变的内容。设计语言中的切割、无序、倒置、扭曲、叠加等手法的运用无形中促成了当代商业景观边界语汇的特征性，这种丰富的设计语言表达体现着景观设计语言与全球语境、城市整体混沌的同构，也结合了景观设计者对客观世界的"复杂性"思考，最终自然而然地呈现出当代商业景观的边界状态，它并非表面看似的那样随机与偶然，实则无声地暗示着潜藏的线索与秩序。

　　微观边界的塑造同样可以通过色彩、肌理、结构、材质、灯光等加以塑造。墨尔本Highpoint购物中心（Melbourne Highpoint Shopping Center）商业景观将凸起平台、软人造草坪、彩色的塑胶地相互叠置，并以蓝色线条强调边界

图4-104
墨尔本Highpoint购物中心商业景观区域边界的处理

图4-105
重庆龙湖U城天街以铺装的变化塑造微观商业景观边界

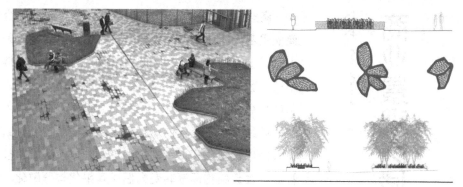

图4-106
新维根市中心购物广场商业景观区域边界的处理及形态

图4-107
中法仟佰汇商业综合体区域边界的灯光塑造

形态，重叠的线条在商业景观中的组合之间创建新的边界连接（图4-104）。U城天街（Longfor Paradise Walk in University Town）以同心圆跌宕扩散的铺装形式及分层的铺装变化，强调了景观区域边界的连通性和流动性（图4-105）。新维根市中心购物广场（Nieuwegein Shopping Centre）以"盛开的城市"（blooming city）为主要概念，通过铺装、植物、座椅等不同的材质组成不同的图案界限（图4-106）。中法仟佰汇商业综合体景观（One City Development）以特殊的灯光处理塑造区域抽象动感的边界形态（图4-107）。

4.4 商业景观区域

商业景观的区域是二维的平面要素，面的围合是构成商业景观场所意象的一大要素。商业景观的区域语汇会予人以"进入"的感觉，区域内常以共同的可识别特征相互串联。区域的特征既可以从外部识别并作为参照，又可以从内部感知。纹理、形式、细部、标志、地形、色彩等主题的连续决定了当代商业景观区域的物质特征。凯文·林奇教授以被意象和识别的主题单元来理解区域特征，消费社会的社会结构逐渐转变为倡导扁平化与分散化，前消费社会时期单一、稳定、向心的系统发生了多元、不确定、无中心的嬗变。当区域间的被意象和识别的主题单元相互混杂、交错、叠置，即形成了当代商业景观区域的形态呈现。

4.4.1
区域形态的特征

传统商业景观的区域形态在早期较为固定，它遵循传统商业景观的模式，也适应社会时期的状态与需求（图4-108）。随着时代的变迁与发展，当代商业空间对商业景观提出了新的需求，需要通过新的区域形式消除彼此的隔

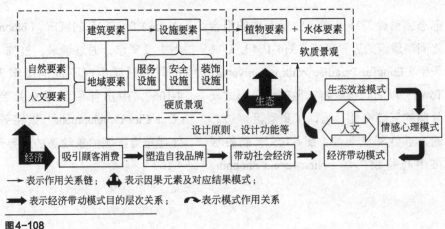

图4-108
传统商业景观模式

阁。此外，来自互联网、大数据时代的压力使实体商业发展陷入了瓶颈期。因此，消费社会时代背景下当代商业景观的模式更新及内容变化，以及商业景观区域形态的时代烙印如何在形态上体现为本小节的论述内容。

4.4.1.1 多元混杂

彼得·埃森曼认为当下我们处于离散的多元时代，事物间唯一的关系就是它们的区别，时代背景下的城市商业模式朝着时效化（Velocity）、价值化（Value）、规模化（Volume）、类型化（Variety）的"4V"特征发展。如何通过商业景观增强实体商业体验、生态、文化等内涵以弥补线上网络购物的缺失，从而带来经济效益并促进城市商业区发展，这是当代商业景观共通的出发点。以"3E"模式追求经济带动效益（Economic）、情感心理效益（Emotional）、生态效益（Ecological）为基础的当代商业景观形态，通常由硬质景观（设施、构筑物、铺装等）结合软质景观（植物、水体等）来构建区域。当代商业景观区域内自然形态、几何形态、数字形态等的多元混杂是倡导多元化、异质性和模糊性时代"主旋律"的表达，也是设计师跳脱传统观念的同时被赋予自由的创造性精神抒发出的时代适应性形态特征。

中法仟佰汇商业综合体区域形态具有当代商业景观的典型性，主体水景区、绿化区域、硬质铺装的集散区没有明确的边界区分，多元相互混杂的动感形态让这一全新的商业空间充满活力（图4-109、图4-110）。荷兰恩斯赫德的融贝克商业街（Roombeek Commercial Street）内有粗细变化的水景中置入碎片式的踏脚石图案的区域混杂着切割形态的绿色草坪区域（图4-111、图4-112）。不对称设计的水流是城市环境中的一部分，破碎形态的踏脚石是对烟花灾难的思考，也蕴含着对自然过程随机性的思考。切割的草地为都市人们带来绿色的活动场域，人们沉浸在自由性与趣味性之中，参与体验这一多元混杂的区域场所。位于丹麦哥本哈

图4-109
老商业区的商业景观形式

图4-110
中法仟佰汇商业综合体区域的多元混杂形态

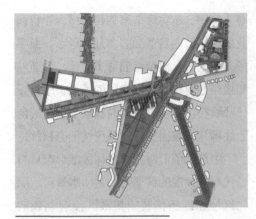

图4-111
荷兰恩斯赫德的融贝克商业街区域状况

图4-112
荷兰恩斯赫德的融贝克商业街水景

图4-113
Kobmagergade 购物街景观

图4-114
Kobmagergade 购物街历史元素、自然与
时代语言等形态的多元混杂

根的Kobmagergade购物街景观项目旨在帮助中世纪的古街区融合购物功能，并注入当下的时代元素（图4-113、图4-114）。设计师将保留了历史元素的三个主广场作为连接，在此基础上置入新的主题，其中，豪瑟（Hauser）广场的自然曲线形的植物景观与市政清洁总部伦后德（Renhold）建筑空间结合，构建了丰富活泼的公共空间，同时结合以18世纪煤炭贸易为灵感来源的黑色石头铺装肌理，为来往络绎的人们提供了既具有历史厚度，也具有时代语言，还融合了以自然生态为基础的城市活力商业场所。OJB（The Office of James Burnett）负责的美洲广场商业综合体建筑景观翻新项目，借鉴了纽约市佩雷公园（Paley Park）和纽约市现代艺术博物馆雕塑花园等城市环境经典案例，为人们营造了一片多元混杂的城市绿洲，极大地促进了零售与餐饮的发展，为该人流聚集的中心区带来多元的丰富体验（图4-115、图4-116）。

图4-115
美洲广场平面图

图4-116
美洲广场区域形态

4.4.1.2 交错立体

活动、尺度、意义、资源等众多复杂因素的交互即涌现出社会的形态。工业时代的物理空间认知研究涌现，消费化的信息时代扩展了人类的脑力空间，复杂性科学至关重要，社会复杂性的问题成为核心。科学家冯·诺依曼（John von Neumann）认为未来的主要任务是阐明复杂性的倾向。物理化学家伊里亚·普列高京（I. llya. Prigogine）提出复杂性科学的概念，吉尔·德勒兹（Gilles Louis Réné Deleuze）的复杂性"生成学说"与当下的数字技术相契合，产生了对设计形态的影响。复杂性的科学与哲学产生了适应时代的多向度社会文化，人们的文化、思想、审美在信息技术的渗透下产生了颠覆性的变化。设计形态在本质上表达与其对应的主导思想，区域形态的特征性是当下人们复杂审美心理和意识形态转变的追随与表达。当代商业景观区域的二维概念中，区域内常以共同的可识别特征相互串联，设计的复杂性趋向与功能的复合性在区域语汇即表现为交错立体的形态特征上。

WATG公司和DS建筑事务所设计的佐鲁商业中心景观在区域的布置上既有广阔的开放空间又交错叠置出私密的空间（图4-117、图4-118）。区域的形态超越了二维的层次，立体地构成了丰富又亲切的景观体验空间，极大地增加了人们在商业区的停歇时间和趣味感，带来了巨大的经济触媒性。永嘉世贸中心商业景观（Yongjia World Trade Center）中布满了连续的平台景观，景观设计者卢斯瓦维尼特克（Loosvanvlitec）将设计概念描述为"犹如托盘上托着的贵重物品"（precious objects on a tray drives the main design concept）。场地区域在高差上的立体变化与建筑相统一，交错立体的形态语言特征富有时尚感（图4-119）。D-Cube City商业购物中心设计者旨在营造一座立体商业景观城市，将其当下的绿色生态、丰富多元、紧凑便利与其煤炭加工厂旧址的黑色污秽、单一简陋、场地浪费的状况形成对比，以交错立体叠置的区域形态语言融合绿色植物与生态循环结构（图4-120），实现奥克斯（Oikos）所述的"人的流动，

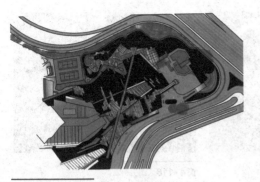

图4-117
佐鲁商业中心平面图

图4-118
佐鲁商业中心交错立体的区域景观形态

(a)

(b)

图4-119
永嘉世贸中心景观的区域景观形态

图4-120
D-Cube City 商业景观区域的局部鸟瞰和立体形态

自然的流动，能源的流动，气的流动及创造性的流动"。

4.4.1.3 残缺分裂

　　本书以凯文·林奇将环境视为一种结构的认识为基础，延伸至同样具有"易读性"（legibility）的当代商业景观语汇，同时基于"图一底（figure-ground）"格式塔心理学（Gestalt Psychology）理论，意象构成的节点、边界、区域等形成的点、线、面，以重叠复合的方式构成了语汇形态结构。五种语汇要素形态描绘出结构化的当代商业景观的场所特征，其中区域以面的层面予以表达。诺伯格·舒尔茨（Christian Norberg-Schulz）将区域描述为中心的影响范围，其边界或清晰或模糊。商业景观区域形态的"面"属于外在的表象范畴，是具有相同可识别特征要素聚集的一个界域。商业景观发展萌芽期的区域结构化形态特征大多源于人工创造的欧式几何规则形，消费社会语境下的当代商业景观区域面的形态则更多地选取源于自然界的复杂不规则形态，且出现了分裂、残

缺、不规则、无秩序等形态特征，具有拓扑和分形趋向，这种残缺分裂的多元丰富形态特征成为消费社会人们审美"餍足感"被激发的"新"事物。

　　索沃广场（Soave Plaza）商业景观由不规则的复杂水景、树池、铺装等构成了残缺分裂的区域形态，通过面与面间的碰撞、差叠、减缺、并置，形成了多样化的形态组合，创造了奇妙的区域穿行体验（图4-121、图4-122）。扎哈·哈迪德的设计语言极具时尚性，她在艾弗蕾西亚商业广场项目中以三角形态的无序重复构成了场所错综复杂的道路分割，从而产生了大小错综的三角形态区域，残缺分裂的视觉效果具有冲击力，独特的景观场所体验使之成为前沿时尚的聚集地（图4-123、图4-124）。位于中国长春的明宇商业广场（Mingyu Plaza，图4-125、图4-126）具有国内当代商业景观的代表性，美国俪和（Leedscape）以错综的道路线进行场地的分割，形成了残缺无序的自由块面区域。人们的游览步行路线极为曲折多变，其中营造了富有多样体验感的区域场所。

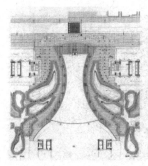

图4-121
索沃广场区域局部平面

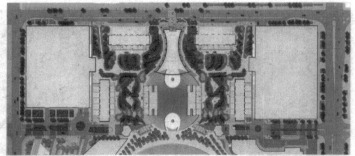

图4-122
索沃广场平面图

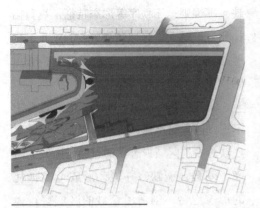

图4-123
艾弗蕾西亚商业广场区域局部平面

图4-124
艾弗蕾西亚商业局部鸟瞰

图4-125
明宇商业广场区域局部鸟瞰图

图4-126
明宇商业广场残缺分裂的区域形态

图4-127
天环广场残缺分裂的区域形态

图4-128
天环商业广场鸟瞰图

图4-129
东急广场表参道原宿残缺分裂的区域形态

图4-130
东急广场表参道原宿残缺分裂的主区域形态

碎片形态的景观面更显有机和活力，与传统单一的几何式绿化功能的商业景观大相径庭，营造了富有时代气息的商业场所。广州天环广场（Parc Central）商业空间与景观设计旨在促进社会、空间和经济发展，以不规则的切割区域形态结合高差的变化营造了一个独具匠心的开放式商业景观场所（图4-127、图4-128）。位于日本东京涉谷的东急广场表参道原宿商业区空中花园景观以不规则的多边形构成一个大的聚合景观座椅，与建筑的顶部采光窗口结合，使用多边形体的随机无序组合形成错综叠置的高差区域，仿佛整体的形态自由破碎裂开，人们在其中休憩、阅读、游玩、社交，极具趣味体验性与功能性（图4-129、图4-130）。

4.4.2
区域形态的构成与塑造

人类在景观环境中的任何活动都离不开一定的区域，商业景观的区域会基于整体性、系统性和连续性的考虑，从宏观上寻求与自然、社会、经济等的关联，从微观上研究区域与周边环境的关系，以确保商业景观区域的合理性、严谨性与前瞻性。理查德·福尔曼（Richard T. T. Forman）将"集聚间有离析"（aggregate with outlines）定义为生态意义（ecology）上的最优格局。对商业景观而言，除了考虑生态要素外，商业场所休憩、社交、娱乐等功能与氛围的构建常常被作为基础问题。此外，引导流线、丰富建筑、营造主题也是当代商业景观内区域扮演的角色。因此，当代商业景观区域的最优格局应是多层面综合关系的合理梳理与商业氛围营造的平衡。

区域从整体看是节点与轴线（axis）共同构成的内容形成的面。具体从内容上可以分为水、植物材料、地形、铺装、园林构筑物。当代商业景观区域中的水景在城市公共空间中承载了促进人际交往、树立商业形象、构建密集商业区域微气候、表达城市风貌的特殊角色。从水的营造来看，当代商业景观多迎合人类亲水的天性，弱化或消除了水池的固有边界，以参与式趣味体验提升商业空间的客户"黏度"。商业水景的另一衍生功能即满足当下商业空间社交属性的交流平台，它成为人们乐于交际互动的首选区域；当代商业景观中的植物材料是抚慰城市焦躁情绪的绿色柔软介质，也是扮演商业主题氛围营造的重要元素。常利用植物搭配引发的心理情绪营造与之相适应的商业区域意象。当代商业景观区域中的植物要素在植物种植科学性的基础上，更为注重其文化表达及形态氛围营造的艺术性，最终实现商业形象塑造与经济效益的提升；当代商业景观中的土坡、梯台、挡土墙等皆形成区域的地形要素，它们应以与建筑的关系、场地的状况、生态的循环为考量，其中，商业景观中的土坡可起到遮挡不宜展示区域、丰富景观层次、强化建筑设计形态的作用。梯台则是在倾斜高差基地上提升空间的适用性，同时增添场地层次与空间体验的趣味性。挡土墙在商业景观中可起到凝聚视觉焦点的作用，保护植物的同时缓和陡坡；当代商业景观区域中运用具有可识别的相同特征的铺装，可以在划分区域的基础上起到引导方向、增添空间特色、警示等作用。铺装形态的选取主要基于与建筑的关系、场地的意象、功能的耐用度及整体的相容性；当代商业景观中构成区域的构筑物包括植物树池、椅凳、栏栅、围墙等，这类景观中的物质产品既满足当代商业景观内的活动及功能需要，又作为场所艺术感形态的构成部分，共同营造商业场所氛围。

伊诺威亚（Eurovea）购物中心景观中，以可变幻的参与式水景形式为人们营造了趣味、舒适、亲切的多功能商业景观区域（图4-131～图4-133）。该购物中心景观中水景的边界尺度不同于其他的景观类型，以可进入的低矮尺度欢迎人们观水、戏水、听水。这一水景区域成为伊诺威亚购物中心最受人们欢迎的围坐场地，人们在这里社交、休憩、娱乐，孩子们更是视之为乐园（图4-134）。717佰克街（717 Bourke Street）以层叠的平台设计构成商业空间区域地势的变化，营造尺度宜人的舒适空间的同时产生了公共空间与私密空间、动态空间与静态空间的区域分割（图4-135、图4-136）。结合平台面肌理的不同处理手法，实现与建筑表皮联系的同时又增添了多元的视感变化。Myk-d在商业街道转角广场即四号码头广场（Pier 4 Plaza）的设计中以流体和线性的铺装构成了令人兴奋的丰富区域变化（图4-137、图4-138）。以"城市丛林"为主题的新视觉购物广场（Central Festival Eastville）商业景观旨在都会风格氛围中营造绿树林荫的丛林意境（图4-139）。不同的植物主题形态塑造了丰富的景观区域，风扇式通风的感官感受加上特殊的主题丛林树种，共同营造出融合了技术和设计的"新自然"体验。

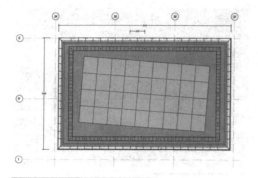

图4-131
伊诺威亚购物中心景观水景平面结构

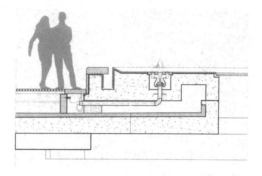

图4-132
伊诺威亚购物中心景观水景剖面结构

图4-133
伊诺威亚购物中心景观效果

图4-134
伊诺威亚购物中心水景

图4-135
717佰克街以地形变化塑造区域

图4-136
717佰克街增添肌理丰富性塑造区域

图4-137
四号码头广场以铺装变化塑造区域

图4-138
四号码头广场商业景观

(a)

(b)

图4-139
新视觉购物广场以植物形态塑造区域

"节点"的概念较为抽象，凯文·林奇教授将意象的这一要素描述为道路连接点或突出特征的聚集点。从几何形态来看，它以点为存在。正如康定斯基所言，点的周围存在相当大的开放空间，使点的声音能有共鸣的余地。因此，景观的感受者可以此作为感知景观的战略性焦点。节点的内容具有任意性，它既可以是点状的大型雕塑，也可以是以面呈现的广场，或是线状布局的廊道。节点主要起场地的象征性表达作用，即景观中的重要景观点。商业景观的节点是商业场所识别性的标志，是景观的高潮和点睛之笔。时代嬗变引发了人们行为和心理的审美变化，当代商业景观的节点结构布局形式及形态即呈现出新的特征。

4.5.1
节点形态的特征

4.5.1.1　突兀无序

受全球化、信息化、消费化全面浸透以前，景观设计或对自然物进行参照与再现并追求结构的对称性，或在技术理性思想下展示着形态的均衡与有序，且在景观设计中讲求节点序列的完整性，通常构建有序而整体的"起""承""转""合"，指引景观参与者以某一特定的完整游览路线体验。随着时代的嬗变，景观设计的方式逐渐由传统的图纸、图片、实物等的表达转变为基于计算机技术的采集、分析与再现，产生了由二维到三维、从静态到动态以及集成化的数字化景观发展，二维平面化的传统景观节点形态与当代景观的呈现已不相匹配。消费社会的视觉文化时代，当代商业景观中的节点也呈现出一种富有吸引力文化的外在形态。正如居伊·德波的观点，当下一切均呈现为景象的无穷积累，从而转向表征。打破原有严格结构秩序而呈现出突兀无序的节点形态呈现了表征背后的时代语境变化。

　　WATG公司和DS建筑事务所设计的佐鲁商业中心推翻了静态的场地结构，营造出看似无序、混乱、突兀的布局形态，其商业景观节点呈现无序的状态，主次节点秩序不明，常常突兀地出现一处引人注目的视觉点（图4-140）。商业街的节点布局较难归纳出某一序列轴，呈现出突兀无序的节点形态特征。位于中世纪的古街区的Kobmagergade购物街景观将时尚的不规则自然形态与场地的文化底蕴相结合，曲折变化的叠置景观造型弱化了景观节点的秩序，营造了奇特的景观视觉效果（图4-141）。KBP.EU设计的阿姆斯特丹商业街区寻求空间布局的自然呈现，以不规则的曲线及椭圆形态构成了场所的结构（图4-142）。悉尼大型商业综合项目达令港城市广场以碎裂的形态组织出场地道路结构（图4-143、图4-144），在其中融合"水"的主题，散置的石头与水流营造出具有创

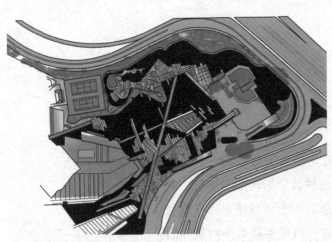

图4-140
佐鲁商业中心平面图

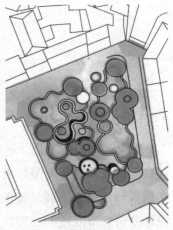

图4-141
Kobmagergade购物街景观平面图

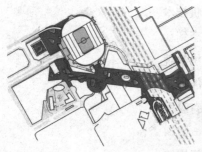

图4-142
阿姆斯特丹商业街区平面图

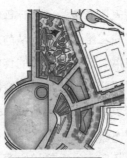

图4-143
达令港城市广场平面图

图4-144
达令港城市广场"水"主题的互动空间

意的互动游戏空间，整个设计节点也显示出无序感。新加坡双景坊（DUO）设计者奥雷·舍人（Ole Scheeren）使用了消减的设计方法，整个商业景观场地由建筑物的凹型曲面构成，自由均质的设计形态营造了活力而丰富的景观氛围，其间很难归纳出场地的轴线与节点的形式规律（图4-145、图4-146）。

图4-145
新加坡双景坊平面图

4.5.1.2　主次同置

在艺术美学词典中，将"主次"（primary and secondary）作为形式美的法则之一，亦称为"主从""宾从"和"偏全"。设计中节点的主次关系即设计中节点存在主体和宾体关系，主体起形态的统领性作用并制约着次要节点，主次明确的节点设计会使景观呈现稳定性和秩序性。消费社会的多元语境下，人们的视觉及心理转向对非均质的、多场景构图的适应性偏好，且身体参与到同置化节点布局的构成中。传统结构秩序主次清晰的稳定性与一致性转变为对时代迎合下的主次同置。

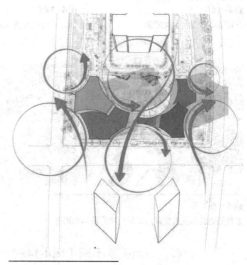

图4-146
新加坡双景坊景观场地结构

扎哈·哈迪德设计的艾弗蕾西亚商业广场项目由无序重复的三角形态构成，整体颠覆了传统景观的轴线和节点结构，景观的节点无主次的区分（图4-147），以无序破碎的布局形式构成了主次同置的商业场所。澳大利亚Hassell设计事务所以错综曲折的切割线和律动的曲线道路形态构建了五彩城的商业景观基础结构，整体的大块形被不同方向的直线切分成为不规则的绿化区域，难以区分各区域的主次

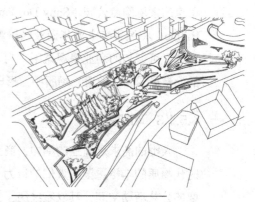

图4-147
艾弗蕾西亚商业广场中节点的主次同置

图4-148
五彩城中节点的主次同置

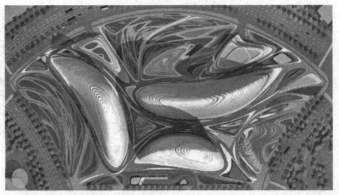

图4-149
扎哈·哈迪德望京SOHO商业景观平面

图4-150
索尼圆点公园元素贯穿形成的主次同置节点形态

关系，节点关系不明（图4-148）。望京SOHO商业景观保持与建筑语言一致的景观形态，不规则自由曲线的萦绕充满未来感，在场地中很难察觉景观轴线的布置及节点的主次变化，而是呈现一种节点"势均力敌"感（图4-149）。日本东京的索尼圆点公园（Sony Dot Park）项目中，艺术家日比野克彦（Katsuhiko Hibino）将装置融入繁华商业区景观，他在户外散落135个"点"以营造活泼、趣味、可参与的商业景观氛围，为人们提供购物、休闲、娱乐的场所，整个点的元素形成整体散置于场所中，形成主次同置的节点布局形态（图4-150）。

4.5.1.3　功能复合

人类的需求是商业的动力，商业具有人类社会基本的聚合与延伸性。消费时代物质的丰裕重塑了人们的行为与心理，当代商业景观作为人们于城市中重要的公共活动空间，其发展经历了由基础的功能性向对人们多样需求迎合的转变。且于商业空间模式、时间管理、建筑形式等变化的基础上，当代商业景观

图4-151
大宁国际商业广场商业景观节点处的"三角探戈"

以新的内容及形态特征传达语言背后的语义内涵。当代商业空间的城市角色由单一的商品贸易场所发展为人们娱乐、社交、组织活动的多元化复合场所。其中，节点乃商业景观视线汇聚的焦点，其形态与功能的复合性变化，正是对时代需求的代表性诠释。

大宁国际商业广场（Daning Life Hub）以空间干预效应极强的"三角探戈"（Triangle Tango）商业景观装置作为其道路交汇处的景观节点处理形态。这一干预将原本作为交通功能的动态区域变为一处促进互动、聚集人气、取悦儿童、激发触媒效应的多功能复合节点（图4-151、图4-152）。来自"曲线实验室"设计团队（Squiggle Labs）的美国工程师与互动设计师马切伊·杜德克（Maciej Dudek）还将舞蹈游戏融于这一景观之中。如今大宁国际商业广场是当地最热门的购物中心之一，这离不开复合的节点功能形态带来的丰富趣味体验，这印证了社会学

图4-152
大宁国际商业广场商业景观节点

家柯林·坎贝尔对人们热衷"新"事物的多重解读。蓝色缎带（Blue Ribbon）与红色星球（Red Planet）的商业景观节点处理形式亦与此类似（图4-153～图4-156）。果园镇（Orchard Town）商业中心将苹果元素融于商业景观中，以纪念本地悠久的农业历史。将商业区举办的"骄傲印"活动与景观融合，在节点处邀请本地艺术家创作艺术作品，孩子们可以在永久的八尺（1尺≈0.33米）高"大苹果"上印上记号，其商业活动的收益捐献给慈善机构。这些有意义的当代商业景观小品既结合座椅、水景等功能形式以发挥实用性，又在活动的举办中发挥广告宣传作用，以聚集商业场所人气，还为慈善事业作出贡献（图4-157）。The Commons商业景观将叠置的景观绿化形式、休息座椅、竖向交通台阶进行巧妙的融合，形成紧凑丰富的商业景观节点（图4-158、图4-159）。美国芝加哥伊利诺伊州的奥克布鲁克商业购物中心（Oakbrook Center）入口的大型水景节点是在原有老化设施基础上更新修建的，再设计的水景既可以作为可参与式的戏水场所，又可以作为休息座椅使用，在关掉动态水柱后可作为

图4-153
大宁路生活中心蓝色缎带商业景观节点

图4-154
大宁路生活中心蓝色缎带商业景观节点的参与状况

图4-155
红色星球商业景观节点

图4-156
红色星球商业景观节点的参与状况

图4-157
果园镇商业中心景观节点水景座椅

图4-158
The Commons阶梯景观节点

图4-159
The Commons阶梯景观节点人眼视角

图4-160
奥克布鲁克中心景观节点

活动场地。其景观的使用由之前单一的、固定的、仅限观赏的设计形态转变为多元的、灵活的、可参与的节点形式（图4-160、图4-161）。墨尔本Highpoint购物中心景观节点中复合地融入了运动、儿童娱乐、休息、设计等多种功能，成为社区中心发展的当代商业场所景观的代表，它诠释了如何凭借商业景观将城市空间配置得更为丰富（图4-162）。

图4-161
奥克布鲁克中心草地广场节点

(a)   (b)   (c)

图4-162
墨尔本Highpoint商业景观

4.5.2
节点形态的构成与塑造

　　节点既是连接点也是聚集点，景观节点是商业景观的重要组成部分。它在设计上承载着商业场所的精神与氛围，在使用上为城市的人们提供休憩、娱乐、社交等复合功能的场所。对节点的适宜塑造有利于提升商业空间的人流聚集力，并提升公众对场所的满意度和体验感。当代商业景观节点按功能可划分为观赏景观节点与交通景观节点，其中节点的塑造方式则较为多样，常见的有水景、广场、装置、景观构筑物等。

　　水景是商业景观区域中节点象征性空间常用的塑造手法，随着水景技术的革新，水景的设计形式及参与趣味性不断地发展进步。睿园商业景观中的互动水景节点处理增添了交互的形式，互动涌泉旱喷（interactive bubbling fountain）成为人们嬉戏玩耍的趣味节点（图4-163）。另一处景观节点——互动漩涡（interactive vortex）则是以透明容器内盛满清水，通过技术使水中产生的涡流升高或下降呈现蓬勃的生命力（图4-164、图4-165）；花都商业景观设计运用铺装及灯光的变化营造广场景观节点，既凝聚场地视觉的焦点又形成开敞的商业活动集散地（图4-166）；萨萨基（Sasaki）设计完成的美国伊萨卡（Ithaca）商业景观改造项目中以峡谷为灵感，将铺装与美丽的山景形态融合，以铺装及花草植物、固定座席、可移动桌椅、公用设施等景观构筑物营造了活泼的景观中心节点（图4-167～图4-169），并在座椅等细节处反映了该区的历史文脉；位于意大利法瓦拉（Favara，Italy）的Zighizaghi城市商业景观是多感官体验景观装置塑造节点的代表，木材与植物的创意组合营造了富有活力的商业景观场

(a)　　　　　　　　　　　　　　　　(b)

图4-163
睿园商业景观节点——互动涌泉旱喷图

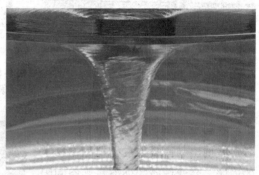

图4-164
上海幸福里睿园商业景观节点——互动漩涡

图4-165
互动漩涡近景效果

(a)　　　　　　　　　　　　　　　　(b)

图4-166
绿地国际花都广场节点图

图4-167
美国伊萨卡商业景观改造项目节点铺装

图4-168
美国伊萨卡商业景观改造项目节点座椅等构筑物

所。米莉亚商店（miliashop）还从形态上展现出与蜜蜂反复构建的生物学的连接。商业场所的外部景观空间因这一景观节点的存在而极具亲切的互动性。此外，它配备的自灌溉系统能实现自我维护，实现了社会技术、自然、城市的有机融合。

图4-169
美国伊萨卡商业景观改造项目节点细部

凯文·林奇教授认为在空间意象中标志物是作为场所体验者的外部参考点，是尺度上具有任意性的简单物质元素。人们对于具有独特性和特殊性的标志物具有极强的向导性依赖。当代商业景观中的标志物对于商业场所品牌树立与人气聚集具有重要意义，具有清晰形式的当代商业景观标志物或被置于突出的空间位置，或与背景及周边环境形成强烈的反差效果，这种单一性的物质特征使其成为易识别的商业场所重要事物。当代商业景观标志物的形态的物质表征即能指，所蕴含的深层意义即所指，形态特征受社会、历史和文化意义交织的随机网络的影响。商业景观体验者的介入使物质感受、精神感受和文化元素产生动态交融的多重景观意义传达。因此，正是基于当代商业景观内标志物的形态特征变化，才能形成时代语境下当代商业景观意义的阐释表达，并为人们所理解、联想和再创造。

当代商业景观标志物以标新立异、指涉含混、材料新奇为特征，构成极具商业场所识别性的个性形态表达。它一方面顺应了消费社会对新奇、时尚、个性的追逐，另一方面契合了商业品牌利益相关者效益追逐的需要。这一语汇形态是场所精神凝聚性的点睛之处，是人们于当代商业景观设计文本中最直观的阅读对象，也是时代精神的昭示者。

4.6.1
标志物形态的特征

4.6.1.1 标新立异

当代商业景观中的标志物形态往往以标新立异的设计思想或样式形态显示其独特性以引来瞩目。当代商业景观作为营造消费商业场所氛围、树立商业场所品牌形象、实现城市区域发展的"同谋者"，须顺应消费社会语境下的社会结构、艺术文化及个体行为需要。"个性的""游戏的""无中心""无根据""无深度""模拟的""高雅与大众界限消解的""非理性的"成为象征性符号的"仿真"消费社会特征。当下依靠符号价值对社会归属感的获得使人们产生对"本能传染性"的时尚的追逐，标新立异的商业景观标志物本身就是一个时尚的符号，它能引发人们以标榜品位为目的的社交网络传播，从而带来经济效益。正如消费社会理论中人们对新奇的渴望的个体行为阐释，标新立异的标志物形态特征与个体行为需求特征是一致的。

在异彩缤纷的当代商业景观中，景观标志物以标新立异的形态特征成为人们瞩目的焦点。跨学科洛克威尔工作室（Rockwell Group's LAB Studio）在纽约布鲁克菲尔德广场（Brookfield Place）内设计建造了名为"Luminaries（发光体）"的商业景观装置标志物（图4-170）。除了标新立异的绚丽外观格外引人伫立外，Luminaries的趣味互动体验也属前沿，其内部运用了电容技术，人们可以通过触摸名为"Wishing Stations（愿望小站）"的白色人造石进行影响650盏灯色彩的装置互动以许下美好的愿望；北京坊（Beijing Fun）商业街以一处名为"太糊实"（Obscure Reality）的公共艺术品作为其商业景观标志物，从名字就可"窥见"其新颖的构思（图4-171）。"太糊实"以云的流动意象为构思来源，多视角的阅读能够构成与道路系统及建筑物形态相呼应的流动感。这一

图4-170
纽约布鲁克菲尔德广场内标志物"发光体"

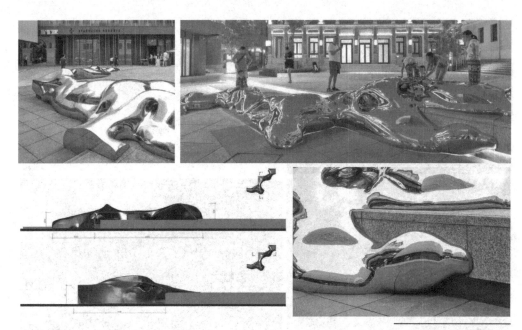

图4-171

北京坊"太糊实"景观标志物

图4-172

"水的织锦"景观标志物

源于自然太湖石的构思，被设计者主观程序化地解构了，旨在将中国的传统美学介入至当代商业场所中来追求一种"无我、无相、无限"。由于其独特的外观形态和攀爬、坐卧、游乐的多种互动形式，成为人们"打卡"的新奇热门标志物；迪加希望（LAB D+H）于公园大道商业景观中以"水的织锦"为理念提取构建了一处尺度较为凸显的不规则形态标志物（图4-172）。标志物如同编织的肌理效果与流水贯穿融合，以新颖的水视觉与体验形式唤起水文化的传达。理想城（Dream City）以抽象"跳动"的鱼作为美好载体的商业空间景观标志物，实现场地精神的构建（图4-173）。大鱼昂首翘尾，一跃而出，将商业入口的广场化为江潭，鱼头装置内部可缓缓转动的休憩场地被序列排布的分割钢板虚遮挡，提供了一种新的观察视角，光影的变化也赋予这一标志物丰富的细节。

图4-173
理想城景观标志物

4.6.1.2 指涉含混

消费社会语境下，当代商业景观营造常常沦为以谋求关注为目的的设计工作，大量出现背离传统美学标准的作品，甚至成为以丑为个性的"焦点"。这种现状难道是人们已经丧失对商业场所景观美的渴求了吗？答案当然是否定的。当代商业景观美的意义除了为人们带来视觉的审美体验、满足功能上的需求外，其蕴含的更重要的意义在于能慰藉人们的情感与精神。当代商业景观标志物由于其占有的突出空间位置和物质特征的凝练性而成为多元化、模糊化、不规则化的重要"能指"，以符号学语义阐释隐喻。在当代语境中，它蕴含的意义较之前的精确性而言，呈现的是意义的含混性和模糊性，即"非此非彼，亦此亦彼"的含混表达。标志物的意义随着能指链的运动"差延"和"滑移"，因不同的观者对其的不同再创造解读，而难以获得某一确定的终极意义。

由FARM设计事务所设计的新加坡枫树商业城（Singapore Maple Commercial City）景观入口广场上构建了一处形态新奇而富有动感的标志物（图4-174、图4-175）。由于其形态的模糊性，不同的审美主体在与其的对话中产生差异的意义解读，甚至是人们在感官刺激过后不再深入思考其创造的意义。这一形似喇

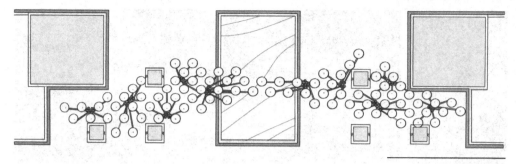

图4-174
新加坡枫树商业城标志物平面

图4-175
新加坡枫树商业城标志物

叭又似金属树木，又似弥散在空中的大量金属点的指涉含混的构筑物，代表了当代商业文化和数字技术等的高度发展及多元化意识形态的映射。詹姆斯·塔普斯科特（James Tapscott）于万象天地的"透明的盛开物"（Diaphanous Bloom）标志物中表达了人文话语的模糊性，并以雾为描绘手段展现抽象自然与非自然的对比，对树的复杂形态进行有机结构的拙劣简化，以喷发的薄雾作为人类控制自然的类比（图4-176）。这一抽象的形态也被人们解读为暴露于城市中的钢筋结构，或是一束紧紧聚合的金属棍等。正是由于其语言符号的非明确性、非单一性、非静态性，产生了主题与景观对话的流变状态，形成了标志物指涉含混的表达。拉修怀特设计事务所在澳大利亚哈格里夫斯购物中心的当代商业景观标志物的塑造中运用偶然拼贴的游戏化手法，融合悬臂式"数码玻璃"技术播放印于玻璃夹层的实时图像（图4-177）。数码玻璃夹层对部分光的投射效果与播放的动静态图片的偶然拼贴重合，呈现出唤起人们思考和记忆的光影色彩视觉形态。以视觉形态的碎片式动态闪现为形式构成的标志物设计，契合了当下图像拼贴的、无规则的、无权威的、游戏化的多元视觉，指涉的含混衍生出无限的多重意义。

图4-176
深圳万象天地商业景观标志物"透明的盛开物"

图4-177
哈格里夫斯购物中心景观标志物

4.6.1.3 材料新奇

　　科学技术的发展为人类的生存与发展奠定了坚实的物质基础，随着当下材料、加工、环境科学等技术的革新，与前沿消费市场紧密关联的当代商业景观成为艺术、科学技术和自然高度融合的产物。一方面，当代商业景观中的技术运用实现了艺术化。正如奥姆斯特德在哈佛大学的演讲中认为是景观技术弥补了城市生活中自然景观美好的缺失。另一方面，是商业景观设计艺术的技术化，新材料、新技术、新设备等为设计与实现创造了更多的可能，并且满足了人们求新的行为属性，塑造了新的审美意识，最终发展为一种消费社会语境特

图4-178
西城广场标志物

征下的社会文化现象。当代商业场所元素提炼而成的景观标志物因其突出的空间位置及特征的唯一性而成为商业景观的代表。设计者在商业景观标志物的建造中大胆运用各类前沿的新奇材料、涂层加工方式、材料加工工艺等，展现出材料形态全方位的实验性探索。新奇的材料形态除了能为商业中心带来人流聚集的实际利益外，还能更好地以新奇的材料形式表达意境和唤起情感。

Myk-d在美国北卡罗来纳州的西城广场（140 West Plaza Exhale）项目中，将精密加工的折状肌理的金属材质表壳与灯光设备、水分散设备等相结合，构建表达水状态变化的参与式环境水文循环景观标志物（图4-178）。新奇的材质与场景氛围的标志物营造，为城市商业空间聚集了大量人气与活力。新天地商业街巨型雪球

是在国际上屡获殊荣的空间干预式商业景观标志物代表。设计者佰筑设计机构（100architects）使用锈钢结构覆盖透明的丙烯酸板来创造一个"空间"而不是一个"物体"，内部低聚结构的圣诞树形态用富有微妙镜面光感的虹彩二向色丙烯酸树脂材质，使霓虹弯曲LED互动灯光结构显露出来（图4-179、图4-180）。这一材料

图4-179
新天地标志物雪球

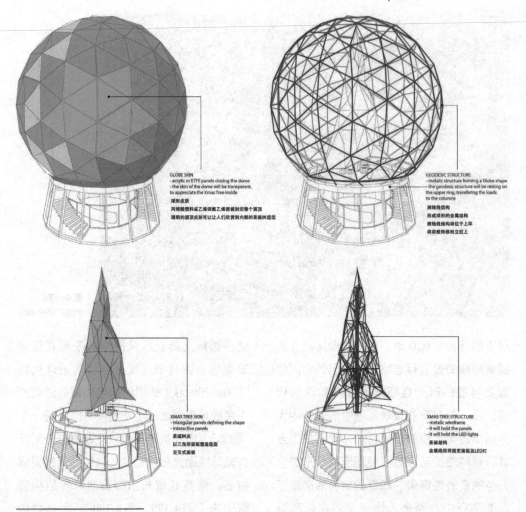

GLOBE SKIN
- acrylic or ETFE panels closing the dome
- the skin of the dome will be transparent,
to appreciate the Xmas Tree inside

球形皮肤
丙烯酸塑料或乙烯四氟乙烯面板封闭整个圆顶
透明的圆顶皮肤可以让人们欣赏到内部的圣诞树造型

GEODESIC STRUCTURE
- metalic structure forming a Globe shape
- the geodesic structure will be resting on
the upper ring, transfering the loads
to the columns

测地线结构
形成球形的金属结构
测地线结构将位于上环
将荷载转移到立柱上

XMAS TREE SKIN
- triangular panels defining the shape
- interactive panels

圣诞树皮
以三角形面板塑造造型
交互式面板

XMAS TREE STRUCTURE
- metalic wireframe
- it will hold the panels
- it will hold the LED lights

圣诞结构
金属线框将固定面板及LED灯

图4-180
新天地标志物雪球结构分层图纸

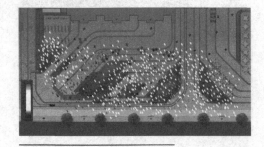

图4-181
波士顿保诚中心广场平面发光材料示意

图4-182
波士顿保诚中心广场效果

新奇的沉浸体验式景观标志物，实现了设计者"让生活充满活力"的精神主题。波士顿保诚中心广场（Boston's Prudential Center）设计者Myk-d将风力涡轮机、特殊照明光源与特殊不锈钢材质编织的灯柱相结合，构成了一处随风强度产生色彩变化的可持续性动态标志物（图4-181、图4-182），场地成为富有生命的风向图，这一体现新奇材料、设计、技术融合的标志物为场地带来了丰富的变化与城市活力。从以上案例可以看出，时代语境下各种天马行空的当代商业景观标志物凭借新奇材料形态得以实现，并成为它们引来万千焦点的"美丽外衣"。

4.6.2
标志物形态的构成与塑造

商业景观标志物可按照主题性、装饰性、纪念性进行分类的形态构成与塑造探讨。当代商业景观标志物除了关乎视觉审美及功能性外，其蕴含的意义与人精神情感产生的连接性也尤为重要。通常主题性的标志物弥补了场地思想性的不足，在场地突出的位置阐释语义。标志物主题性的塑造既可以采取直观的手法又可以以此为商业环境的主题。例如理想城以抽象"跳动"的鱼为直观表达的标志物，由于在中国文化中鱼承载了人们对美好的想象与希望，这与理想城商业区名字具有主题一致性。动态"跳动"而显露出地面的鱼的一部分，表达了场地营造美好与理想的主题。大宁国际商业广场商业景观则是以蓝色缎带、红色星球、三角探戈、拼图迷宫这几处标志物共同构成了场地"活力与互动"的商业主题。除了主题性的标志物塑造外，装饰性的标志物成为当代商业景观标志物塑造的重要类型。正如钱钟书所言，"社会条件和文艺风气影响创作者对题材、体裁、风格的去取。"伪欲望引导结构的当代商业影像的景观社会下，装饰性视觉刺激成为必然。装饰性标志物具有尺度上的自由性，以丰富城市商业空间为目的，相较于主题标志物具有更加突出的形式特征，常常以形态、肌理、色彩等作为塑造手法。例如纽约布鲁克菲尔德广场内的标志物——"发光体"，以大小变化的彩色方块体形成流动的带状形态，成为广场上的视觉焦点。纪念性的标志物在当代商业景观的运用相较于前两者较少，它需要建立在一定的场地历史文化与事件的基础上，多见于中国商业步行街案例之中。除了单一类型构成与塑造外，多元化时代的当下，更多的商业标志物以综合性的类型呈现。综上所述，商业景观标志物以形态、色彩、材质为基础，以主题性、装饰性、纪念性为场地塑造类型，营造顺应时代、城市、场所的当代商业景观形态。

本章小结

从传统社会时期末形成本书所界定的商业景观研究内容开始，到生产社会时期追求的统一、均衡、和谐与实用，再到消费社会多元混杂的创造性诠释，商业景观形态语言的发展经历了漫长的过程和巨大的嬗变。当代商业景观设计已成为行业实践的重要景观分支，它与城市生活及城市发展息息相关，成为全球化、信息化、消费化大数据时代语境的呈现者，更是人们城市生活的全新时代精神昭示者。时移世变的多元、复杂、共生时代，当代商业景观形态结构产生了顺应的变化，"多元的""模糊的""错综的"形态更新及游戏化手法表达着时代语境下当代商业景观全新的设计价值诉求。当代商业景观呈现的丰富性很难以某一明确的风格予以分类，但其构成语汇呈现出的形态特征昭示出时代变革下当代人的精神质变。数百个全球范围的当代商业景观案例对其形态语言特征演变的支撑，更昭示出当代全球范围内整体性文化意识和时代精神的嬗变。

第 5 章

当代商业景观形态
语言的语法

　　当代商业景观形态语言的语法是指运用一定的词汇和空间句法（spatial syntax）来定义一个景观的结构组织特征。同语言与语境的关系类同，不同的时代语境下，商业景观形态语言的语法呈现出结构的动态变化性。通过场地结构、空间关系、比例尺度、要素关联的组织，限制并确定了适应时代深层意义表达需要的设计形态语言。

5.1.1.1　语言学语法

　　语法来源于希腊语的grammattike，最初译为"与书写文字有关的艺术"，最初其概念包含语音现象和词汇现象等。随着科学的分化与严密化，语法学逐渐成为一门独立的学问，是对语言符号实体（词、短语、句子）的结构规则的研究（图5-1），它被看作内容与形式融合的实体链条。❶对语言结构规律的理性认识与概括即成为语法的研究内容。语法单位依据一定层级排列形成语法结构，其从大到小的排列如图5-1所示。

　　语法包括字法、词法和句法，❷即字、词、句的组合规律。从其含义与内容可以看出语法规律客观存在，由研究者理性分析并抽象概括而来，是从大量字、词、句的使用中提炼而来，并在实际的交流使用中反复得到践行与验证，合乎规则的语法能够准确地传达语义内涵。同时随着时代的发展和语言使用的推陈出新，语法的规则也呈现出动态性的更新与进化。

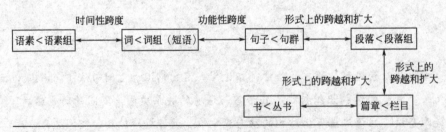

图5-1
语法结构的层次

---

❶ 彭泽润，李葆嘉.语言理论[M].4版.长沙：中南大学出版社，2007：335.

❷ 吕必松.汉语语法新解[M].北京：北京语言大学出版社，2015：81.

5.1.1.2 商业景观语法

斯本教授作为景观语言研究的重要推动者，她提出尺度（scale）、时态（tense）、秩序（order）等景观语法内容。她指出景观语法与语言学语法的相似性。商业景观语法是对商业景观设计语言结构规律理性的认知与抽象的概括。商业景观语汇以一定的结构规律形成完整的商业景观设计语言，其作用在于构建适时的、适用的、合理化的商业景观空间。商业景观的语法与语言学语法一样，随着时代的发展和设计语言的转变而呈现出新的表达。

商业景观语言动态地呈现着社会、经济、文化、艺术、市场等各方面。它是涵盖了诸多景象的设计语言。因此，其语言相较于人类语言呈现出更强的综合性与复杂性，在语言形态的形式呈现上更加模糊与繁杂。此外，景观的语境较语言语境更具有宏观的动态性与复杂关联性，正如安妮·斯本教授在编著的《景观的语言》一书中将语法的梳理工作描述为"令人望而生畏"。因此，本书在当代商业景观形态语言语汇的基础上，试图探寻时代语境下的当代商业景观形态语言的语法结构规则。

5.1.2
构成

商业景观设计语言的语法在于指导各商业景观语汇合乎时代的功能、审美、可解读地构成商业景观视域的过程，它是对商业空间组合及结构关系的研究。这种语法规则不受风格的变化影响，而是具有基于时间维度内的四维动态性，它随时代语境的发展呈现出面貌的更新，同一时代背景下的语法内容具有广泛适用性。因此，对于商业景观语法的研究需结合社会时代环境，隔离外在元素形式的干扰，以单纯的形态关系对当代商业景观展开空间组合与结构关系的研究，探寻消费社会语境下的规律性特征。这里以当代商业景观的分层的素模分析为手段，避免受其他形式要素的干扰与误导。

当代商业景观的语法重点在于合理组织商业建筑与景观关系的基础上构建合理的人流活动空间，并以空间组合与结构关系满足人们新时代的需求及体现内在文化特征的表达。下文从当代商业景观的时代性及其特点出发，试图梳理消费社会语境下的当代商业景观形态语言语法的特征与构成（图5-2）。

5.1.3
特点

5.1.3.1 抽象性

商业景观设计语言的语法一定是剔除外在形式、风格的干扰，将商业景观转换为点、线、面、体等基本形态要素，描绘各部分间的结构组织关系，从广泛的商业

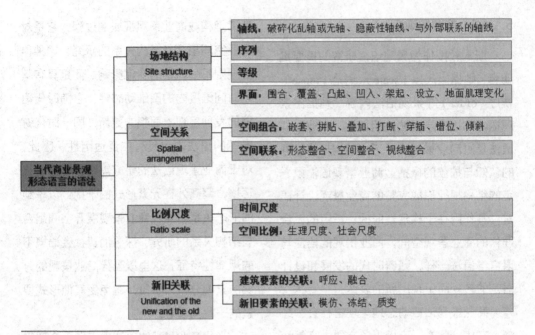

图5-2
当代商业景观形态语言的语法

景观语言"使用"中梳理规则与特征。因此，设计语言的语法不同于语汇内容明确的所指，语法具有抽象性。

5.1.3.2 动态性

当代商业景观形态语言的语法具有动态性。商业景观语言本身是涵盖社会、经济、文化、艺术、市场等诸多景象的设计语言。当下全球经济秩序、政治格局和文化精神等日趋变化，人们的思维形态与生活方式一并变化着，即商业景观形态语言的语境是瞬息万变的，时代嬗变语境下的商业景观形态语言随即昭示出新的变革趋势，其语法的规则即具有动态性变化的特征。

5.1.3.3 描述性

安妮·斯本教授在《景观的语言》一书的景观语法章节中明确地指明景观语法的描述性（descriptive）特征。商业景观类型的语法同样如此，它是对商业景观场所景观视象的反映。当代商业景观的语法规则需建立于特殊的场地环境背景，因此，语法不是公式类的单一确定规则，而是具有灵活的指导描述性特征。

商业景观的场地结构是指道路、节点、区域、边界、标志物语汇之间的序列关系。通过其相互间空间关系、体量关系、数量关系的变化投射于视觉廊道上，形成场地的结构状况。当代商业景观场地呈现出"多元化""碎片化"的场地特征，与近现代商业景观规则、稳定、静态、明确、统一的场地结构相比，多元消费社会语境下，它以非理性的秩序进行创造性的表达。消费的生活方式背后蕴含的是一种全新的意识形态，对时尚与潮流新事物的追逐成为当下最繁华的时代景观。作为消费"同谋者"的当代商业景观，其场地结构随之呈现出变化，轴线、序列、等级、界面的抽象语法规则构建出富有时代生命力的当代商业景观形态语言。

5.2.1
轴线

勒·柯布西耶（Le Corbusier）将轴线定义为具有导向目标的线（a line of direction leading to an end）。[1]艾定增教授将其定义为由空间限定物的特征引发的人感受到的空间轴向感。[2]盖尔·格里特·汉娜（Gairy Gretel Hannah）教授将轴线定义为穿过形体最长维度的想象中的线，并且其在引导形态于空间中的位置的同时，显示出极强的运动趋势。[3]到目前为止尚无景观轴线的统一定义。轴线除了对二维场地形态的控制外，还介入三维空间的引导与控制中。景观轴线可依据视觉形象的特征分为直轴线、曲轴线、复

---

❶ 柯布西耶. 走向新建筑[M]. 吴景祥, 译. 北京: 中国建筑工业出版社, 1981: 36.

❷ 艾定增. 景观园林新论[M]. 北京: 中国建筑工业出版社, 1995: 75.

❸ 盖尔·格里特·汉娜. 设计元素: 罗伊娜·里德·科斯塔罗与视觉构成关系[M]. 李乐山, 译. 北京: 中国水利水电出版社, 2003: 54.

合型轴线、乱轴线、无轴线等，不同的轴线布局传达与之匹配的空间功能、性质、状况、思想。直轴线传达庄严、肃穆、权力、严谨、稳定的崇高之感，此类意象的传达容易使空间保守而缺乏变化。曲轴线与曲线的特征相似，较直轴线更为灵活与自然。它化解了线性逻辑两侧的对称性，使场地更加丰富而活泼。复合型轴线是前两者的穿插组合，增添了一定的空间形态变化性。乱轴线是多条直轴线穿插叠置产生的新的形态组织控制线，它构成的形态破碎、多元而丰富，充满了新奇和趣味的视觉效果。无轴线的景观形式较为特殊，但契合了某些特殊性的场所需要。从历史上看，西方传统园林与中国皇家园林以明确的轴线表达君权思想、等级关系及理性主义。然而发展至现代时期，明确的轴线形式逐渐弱化。消费时代的需求与商业景观的属性，决定了当代商业景观设计中轴线控制的绝对对称规则式布局已极少了。商业景观内的物质、能量、信息流动已不适于强烈空间轴线的控制，小尺度的分散空间状况更适应多元时代的功能需要，致使当代商业景观的轴线逐渐趋于乱轴线、无轴线的形式。

5.2.1.1 破碎性乱轴或无轴线

在当代商业景观的设计案例中普遍采用破碎性乱轴呈现出开放性、含混性、游离性的设计形态，追新求异演变为一种趋势，挑战了传统遵循逻辑、均衡有序的美学范式。当代商业景观形态呈现一方面契合了消费社会寻求差异性的特征，另一方面是当下"混沌"世界颠覆传统逻辑局限而产生的适应性产物。多元的城市景观状况削弱了轴线的控制力，致使其呈现出轴线朝向消除"赝足感"的"非理性"乱轴形式发展。为了构建更加活泼、自由、丰富的商业景观氛围，在轴线的使用上常常出现错综的断轴或斜轴线形式。

位于纽约的曼哈顿广场（Manhattan Square）内的雕塑装置"S-Man"和"笔触组"连接多功能层叠景观节点和大面积造型绿植槽，呈现出破碎性的景观轴线（图5-3、图5-4），形成的零散景观区更好地满足了纽约最繁忙商业区域的多重需求，具有渗透性地融于城市之中。WATG公司和DS建筑事务所打造的佐鲁商业中心以错综破碎的乱轴嵌套无序的道路形态（图5-5、图5-6），表达富有张力的商业景观空间布局，使场地极具时尚活力，营造出一种一波三折的丰富空间秩序。Bureau B+B设计事务所以"盛开的城市"为概念对新维根（Nieuwegein）市中心广场的商业景观进行更新设计。设计者以新时代背景下的无轴线自由布局形式融合抽象的花朵和树枝图案（图5-7、图5-8），

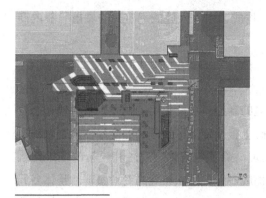

图5-3
纽约曼哈顿广场平面图

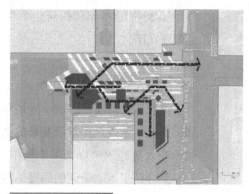

图5-4
纽约曼哈顿广场轴线布局

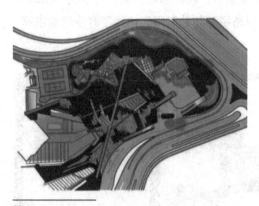

图5-5
佐鲁商业中心平面图

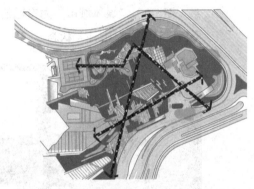

图5-6
佐鲁商业中心轴线布局

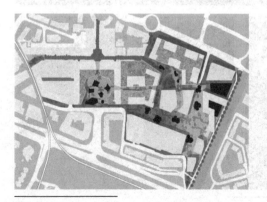

图5-7
新维根市中心广场平面图

图5-8
新维根市中心广场商业景观细部

激活了20世纪70年代的商业中心，构成了引人入胜的"盛开的城市"般的商业景观场所。

5.2.1.2 隐蔽性局部轴线

当代商业景观考虑城市场地环境的制约、功能使用的要求以及时代形态发展的影响，纳入众多复杂要素的基础上极少使用形式明确的全局性规则轴线布局。在大量商业景观案例剖析中发现，除了普遍采用乱轴和无轴的场地结构外，部分则采用隐蔽性的局部轴线构成多元的散状布局式商业景观。整体多元的形态状况结合局部隐蔽性的轴线布局，更贴合城市公共场地时间和空间的多层次杂糅状况。国家广告产业园（CMP）内零售商业区景观体现了隐蔽性局部轴线布局形式，场所的建筑形态、景观铺装、树池形态共同构成了这一轴线关系（图5-9）。"媒体城市"为主题的形态拼贴与分形同时体现了商业场地丰富、多变、活泼的"混沌"状态。

图5-9
青岛万科国家广告产业园内商业区景观及隐蔽性局部轴线

5.2.1.3　联系性外部轴线

商业景观蕴含着区别于其他类型景观的"触媒"属性。它对城市的发展而言是作为一种催化剂，"改变、加快化学反应速率"即商业景观为商业区和城市带来正面的经济、文化等影响，成为带动人气、刺激地方发展、增添城市活力的"城市针灸"。因此，有的商业景观布局会在形式上考虑与城市的关系而呈现出联系性的外部轴线。例如，以"城市与自然融合的城市农场"为概念的绿地中心商业景观，其

轴线与城市现有的景观轴线相互贯穿，形成一条强化的新空间轴线，使新旧区域渗透性融合，激发城市新活力（图5-10、图5-11）。

5.2.2　序列

刘滨谊教授将人们在空间中以运动的状态获取的一系列场所连续印象作为基础，并在此基础上构建的场所抽象整体认识定义为景观空间的序列（图5-12）。

图5-10
上海绿地中心平面图

图5-11
上海绿地中心鸟瞰图

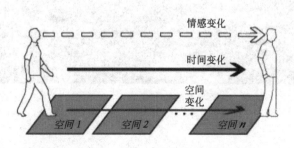

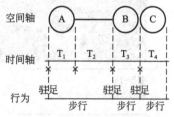

图5-12
景观序列中的三要素及序列时空轴模型

场所序列感是空间、时间、主观情感共同构成的产物。除主观情感外，"空间"和"时间"成为场所序列的两大时空组织要素。从空间上看，基于洛赫（Motloch）的人在户外的目标行为属性对感官目标的记忆，❶商业景观的空间序列可抽象为人们感官记忆下的节点与道路语汇组成的空间系统。从时间上看，人在商业景观场所中的运动时间和顺序表达了空间序列的关系。本小节场地结构的序列主要以空间研究为主，时间上的语法将置于时间尺度小节予以论述。

"中心"的弱化、空间视觉感受瞬时性的"突变"和组合的"非常规"是当代商业景观空间序列的重要特征。集零售、购物和餐饮功能于一体的扎哈·哈迪德商业设计作品——望京SOHO，其商业景观设计灵感源于传统的梯田符号，环绕曲折的自然形态场地分布构成了深远曲折的均质化视线效果（图5-13）。场地景观整体分为北侧、西侧、东侧和南侧，多元融合的布局消解了中心感。刚进入某一景观局部形态，会产生瞬时的视觉突变感受，这迎合了人们新奇和趣味的体验感。位于乌克兰基辅（Kyiv, Ukraine）市中心的购物

图5-13
望京SOHO商业景观平面及局部

图5-14
基辅购物中心商业景观

❶ 约翰·L.洛赫.景观设计理论与技法[M].李静宇，译.大连：大连理工大学出版社，2007: 125-127.

中心商业景观以"梵高笔画"（Van Gogh strokes）的动态形状作为无序摆放的视觉导向，暗示着移动（图5-14）。设计者德米特罗·阿兰奇（Dmytro Aranchii）建筑事务所将地表空间进行扭曲变形，营造出具有交互元素的水景形态。空间形态间以碰撞的、交叠的、变形的"非常规"组合方式构成了场所的空间序列状况。

5.2.3
等级

空间中各个元素不同的功能、形式、意义依据确定的价值标准，呈现出一种确定可见的等级秩序。在设计中会通过尺度变化、色彩变化、肌理变化、元素符号的差异化处理、场地区位的特殊摆放、竖向高度的加强等手段进行等级区分。商业景观的一般化处理常在入口处增强标志物或主要节点的等级，例如纽约的曼哈顿广

场商业景观内的两个突出景观雕塑装置"S-Man"和"笔触组"（图5-15），它们凭借夸张的造型、尺度、色彩，成为繁华商业景观中的视觉焦点。又例如，在普吉免税店商场（King Power Phuket）的景观中，以金属网格材质编制出大尺度的、富有动态的鲸鱼水景标志物（图5-16）。随着时代语境的嬗变，等级化秩序的弱化与消解成为当代商业景观内等级秩序的新趋势。消费社会空间事件的含混多义与异质元素的泛滥，事物不确定性随之加深，人们对于规则等级下的理性"设计模式"呈现出审美的疲倦感，大量当代商业景观案例呈现出等级界定模糊的设计形态。三角形态的无序变化构成的艾弗蕾西亚商业广场景观设计项目中，动态分布的不规则三角形态极具张力，产生了无等级的颠覆性景观体验（图5-17）。又比如，五彩城商业景观设计内错综的切割线和律动曲线构成的等级消解的碎片化商业景观布局（图5-18）。

图5-15
曼哈顿广场商业景观内"笔触组"

图5-16
普吉免税店商业景观内的"鲸鱼"

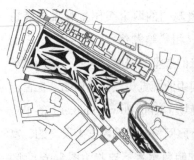

图5-17
艾弗蕾西亚商业广场

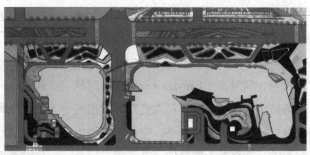

图5-18
五彩城商业景观

界面

　　界面即空间与实体的交界面。当代商业景观中空间的界面形态是场所构建场地结构的感官媒介。界面也是空间构成的要素之一，它与人的行为心理密切相关。从含义来看，界面既包含对形态与视觉考虑的物质界面，还囊括对人心理、行为、文化等考虑的精神界面。从功能来看，商业景观内的界面既具有引导性还具有限定性。界面的开合控制、线性排列导向、竖向高度变化是引导作用的常用手段。线性柱体、镂空界面、自然形态界面等虚界面和实体界面是商业景观内界面限定的主要形式。在中国传统商业景观中，有些界面同时具备引导与限定两种属性，例如充当商业街入口符号的牌楼，它既作为引导人流进入的标志，又起到空间分割的作用。

　　从物质界面的形态语言来看，传统景观空间的界面表达明确，各功能面的关系独立而清晰，地面是场地尺度参照与区域范围界定者，顶面是空间特征与氛围的影响者，墙面是空间形态与视觉呈现的塑造者。围合——垂直面的界定、覆盖——顶平面的界定、凸起、凹入、架起、设立、地面肌理变化是空间界定的主要方式（图5-19）。**❶** 时代社会形态和设计价值诉求的转变引发商业景观形态语言中界面关系的模糊性表达，以往关系明确的垂直形态转变为非垂直的倾斜造型，或大量地运用流动的曲面造型。数字景观的发展与施工技术的进步促进了突破性界面设计的实现，当代商业景观界面的构造方式呈现出新的面

---

❶ 汤晓敏，王云．景观艺术学：景观要素与艺术原理[M]．上海：上海交通大学出版社，2013．

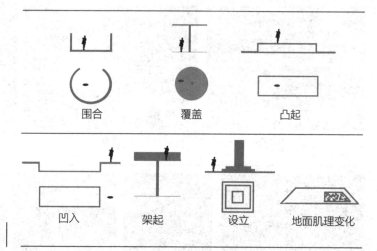

围合　　　　　　　　覆盖　　　　　　　　凸起

凹入　　　　架起　　　　设立　　　地面肌理变化

图5-19
传统空间界面形态界定的方式

貌，围合、覆盖、凸起、设立等形态大多突破了传统的方式（图5-20）。其中，围合的界面方式由边界明确的直角关系变成曲线或形成一定的角度，营造出更丰富的流动空间体验。在当代商业景观的实践案例中，大量的不规则的、倾斜的覆盖方式取代了几何平行关系。界面的凸起和凹入关系则呈现出流体的不规则形态处理，其构成了独特的"地形拟态"视觉效果。科学技术的发展使人们摆脱了"横平竖直"单一结构的束缚，架起与设立的手法得到材料、工艺等的支撑，用了大量富有穿插、倾斜、变形的形态。地面肌理的变化除了运用大量新颖的材料外，还在拼布方式上大量借助计算机的运算，材质间的边界处理也更富有变化。

TOD国际新城（International New City）项目中，设计者旨在将商业街景观构建为线性艺术生活公园（Space and Form-life Park with Linear Art）。在商业景观中以不规则的曲面作为界面围合的方式，构成了独特的空间秩序与体验感。设计师保罗·考克赛兹（Paul Cocksedge）设计的可让人们或坐或行的名为"请就座"（Please Be Seated）的设计作品运用了覆盖的界面处理手法，它颠覆了以往商业景观内覆盖的形态，形成既可穿行又可休憩的无阻碍创意曲线商业景观。中央世界商业中心（Groove Central World）商业景观中庭运用凸起的界面手法，垒起颠覆传统的趣味有机形态种植池。悉尼大型商业综合项目达令港城市广场商业景观以凹入的界面处理手法形成形态各异的低洼地形拟态，与水元素结合形成了具有界面丰富性的参与趣味性商业景观。U城天街（Longfor Paradise Walk in Chongqing University Town）商业景观在界面的处理上运用计算机参数化技术进行地面肌理变化的参数化铺装运用（pavement application of parametric design），并在局部的地面材质

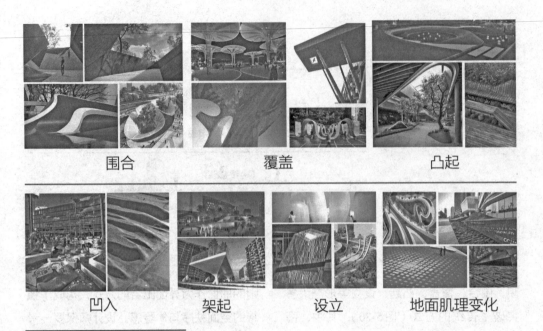

围合　　　　　　　覆盖　　　　　　　凸起

凹入　　　架起　　　设立　　　地面肌理变化

图5-20
当代商业景观空间界面形态界定的方式

　　变化中大胆创造出新奇的肌理效果。总之，当代商业景观空间与内部实体构成的界面颠覆了传统的界面界定形态方式，横平竖直界定清晰且几何规则的围合、覆盖、凸起、凹入、架起、设立等界面形态语法转变为当下更为丰富、异质、错综、多元的构建手法。

一个完整的商业景观空间是由若干相对独立的空间组合而成，不同的场地状况、交通流线、功能需求呈现出不同的空间布局形式。人们在动态的行进过程中感受空间的组合与联系，继而形成完整的空间布局印象。因此，当代商业景观的空间布局语法可将其展开为空间的组合方式与空间的联系方式。本节首先将从空间关系处理手法展开对当代商业景观的空间组合方式的论述，接着就空间的联系方式从视觉、交通、功能的联系展开分析。

5.3.1
空间组合

伴随着时代语境的嬗变，当代商业景观设计价值诉求和形态语言发生了巨大的变化。空间的组合形式颠覆了传统线性的构成方式（图5-21），以稳定关系罗列（大小、位置、价值等）而有序组织的空间秩序逐渐向开放性的系统转变，并且以极具表现力的穿插、错位、倾斜等全新的空间关系处理手法顺应当代消费社会语境下人们审美异化的复杂心理。当代商业景观的空间组合方式逐渐在形态生成角度的集中式、线式、辐射式等空间组合方式基础上向更为模糊的、动态的、交织的、开放的空间组合形式发展。

空间流动且边界模糊的交织、嵌套、混杂的空间组合是当代商业景观设计案例中空间组织普遍呈现的状态。具有强流通性与渗透性的当代商业景观空间既满足了场所功能与城市关系的需要，又体现时代语言对传统"正统"美学的发展与演变。佐鲁商业中心是当代商业景观与建筑形态融合而形成的典型空间组合状态的典型代表，整个商业场地以一种壳状的结构贯穿，壳体（shell）始于与城市交换的公共广场，由南向东抬升。设计者EAA和Tabanlioglu Architects在这一多维分割的空间内交织出商业室内与景观空间，并且竖向多层次的景观空间嵌套产生了丰富的多样性视觉效果与空间

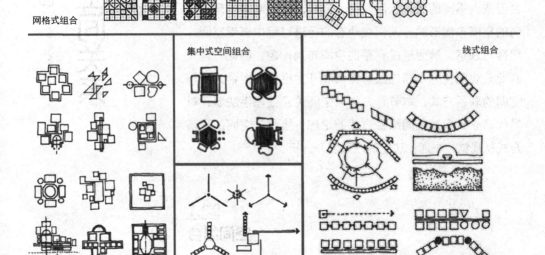

网格式组合

集中式空间组合

线式组合

组团式组合

辐射式组合

图 5-21
传统景观空间的组合方式

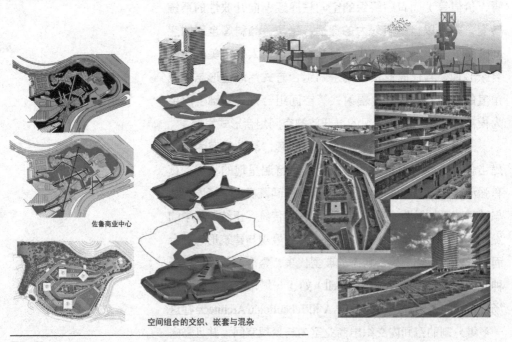

佐鲁商业中心

空间组合的交织、嵌套与混杂

图 5-22
当代商业景观的空间组合状态——交织、嵌套与混杂（佐鲁商业中心）

图5-23
当代商业景观的空间组合状态——交织、嵌套与混杂（利玛窦广场商业景观）

体验（图5-22）。利玛窦广场（Limadou Square）的商业景观是由俞孔坚教授创立的土人景观（Turenscape）设计完成。从中，可以窥见中西方的当代商业景观空间组合呈现出的共同特征。这一城市公共活动与商业空间相结合的场所融入了意大利传教士利玛窦在南昌传教三年的历史文化背景。广场中央的斜形断桥与红色多面体不规则构成的空间混杂形成丰富的空间嵌套与交织关系（图5-23）。一方面，以这一空间形态体现对历史的眺望和利玛窦传教经历的隐喻，另一方面，也是用以构成人们独特的穿行体验。这种嵌套、交织、混杂的空间组合方法与传统景观集中式、线式、网格式等方法不同的是呈现出更具包容姿态的空间结构，它包容了事物的动态性、复杂性和延异性，成为当代商业景观大量运用的空间组合方式。

5.3.2
空间联系

位于城市中的商业景观与城市交通、街道、场地等多因素相关联。同时，商业建筑与商业景观也具有一体性关系，通常商业建筑的形态决定了商业景观的空间与形态组织方式。受城市道路、商业建筑、场地等多因素限制的当代商业景观的场地呈现为分散零碎的空间，因此，在商业景观设计中必须考虑场地空间的联系性问题。形态整合、视线整合和功能整合方法在当代商业景观空间联系的运用中较为常见。

高密度的城市商业环境场地常通过立体结构实现形态上的整合，这样既可以增加商业景观的趣味体验性，又带来功能上的实用性。绿地中心（Greenland Center）商业景观通过形态整合商业建筑顶层景观、交通通道和商业景观形态的空间联系（图5-24）。视线整合的空间联系方法既可以强化人们对商业景观场所的独特印象，也可以提升购物体验的空间趣味性。佐鲁商业中心内自南向东抬升的壳状结构（a kind of shell）景观层与景观场地中央下沉的区域进行视觉联系，人们可以在上层景观区域休憩的同时俯瞰下沉区域广场内游玩穿行的人们，形成空间的相互联系（图5-25）。功能整合的空间联系方法即在不同的商业景观区域空间内通过一致的功能设置实现空间的相互联系。大宁国际商业广场在不同的商业景观空间区域内以空间干预效应极强的娱乐互动功能的景观装置——"三角探戈""蓝色缎带""红色星球"构成了商业景观各空间的联系，共同构成具有丰富趣味体验的热门购物场所之一（图5-26）。综上所述，当代商业景观以形态、视线和功能的整合方法解决当代商业景观由于城市道路、商业建筑、场地等多因素影响下的零碎化空间问题，形成新的空间序列与结构。

图5-24
上海绿地中心商业景观

图5-25
佐鲁商业中心景观

图5-26
大宁国际商业广场

景观尺度的研究可以从时间和空间层面展开，中国园林追求在时间与空间的转换中实现"步移景异"。随着时代的发展，当下人们更是普遍以动的状态参与到景观中去。从人存在的基本维度和商业景观本身具有的四维形态属性来看，时间尺度的研究不容忽视。对不同时代语境商业景观空间尺度的研究，正如安妮·斯本在《景观的语言》（*The Language of Landscape*）中阐述的人的语言与景观语言的区别，不同的景观空间尺度产生不同的心理状态。在消费社会语境下，当代商业景观的时间尺度与空间尺度皆呈现出客观与主观因素的变化。

5.4.1
空间尺度

历史为建筑与艺术提供了附加的尺度❶，并且在特定的区域与地域表现更为典型。当代商业景观的尺度更多是对当下世界观、价值观、审美观、功能性需求等的呈现。尺度是人借由物理和心理的实际测量与感官体验对目标物体或场所得出的一种评价方式，尺度是尺寸的度量。随着社会的变化与发展，消费社会语境下商品满溢与消费激增的经济因素、追求"强者"的文化因素、变革的技术等客观因素综合产生了对商业景观尺度的影响。如今，当代商业景观逐渐成为城市公共活动的重要空间，满足当下变化着的人的生理与心理需求是构成当代商业景观空间尺度的主观要因。人作为商业景观的使用者和感受者，在特定场所内生理的身体尺度、视觉尺度、疲劳尺度制约着当代商业景观的空间尺度关系。此外，从心理方面来看，当下商业景观场所逐渐成为人们社交聚会等城市活动的热门场所，因此当代商业景观空间必须纳入对社会尺度的思考。综上

❶ 刘滨谊. 现代景观规划设计[M]. 南京：东南大学出版社，2005：257.

所述，生理尺度（身体尺度、视觉尺度、疲劳尺度）和社会尺度共同影响着当代商业景观空间的尺度形态。

5.4.1.1 生理尺度

身体尺度对商业景观空间形式与尺度特征的影响主要是分析人在商业景观内的行为活动。穿行、休憩、娱乐、交谈、举行活动等是当代商业景观空间的主要功能。其服务人群具有广泛性，因此，身体尺度需具有普遍的功能适应性和特殊对象的针对性。自数学家拜伦·奎特里特（Baron Quetelet）于1870年发布的测量学著作后，人体测量学（anthropometry）广泛地运用于包括景观设计

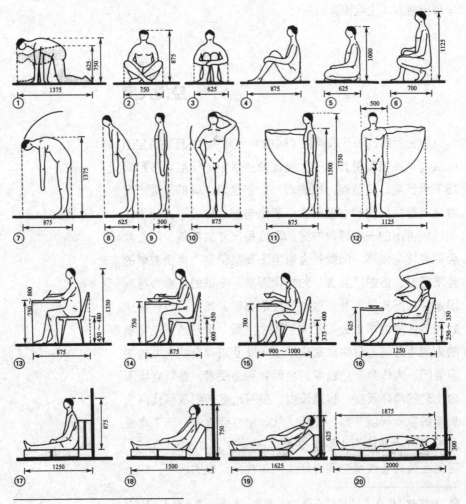

图5-27

人体的身体尺度和空间需求（单位：mm）

在内的空间学科，身体的尺度决定着商业景观的基本空间尺度（图5-27）。当代商业景观内功能的多元化使用以图5-28中人体活动和动态的空间尺度需求为基本出发点。

视觉尺度是人在感受空间的"形、光、色"过程中，眼的视点、视距与视角进行的协同信号捕捉与判断。视角、视距和对象可按照特定的公式推导出最佳的视觉尺度视角和视距。商业景观依据室外视觉尺度分析的结论，理想的视角应为27°，大于45°的视角即产生变形的效果。❶图5-29视觉对象与环境的视距和垂直视角关系表达了三者之间的相对关系与视觉尺度效果。

疲劳尺度在当代商业景观的空间尺度

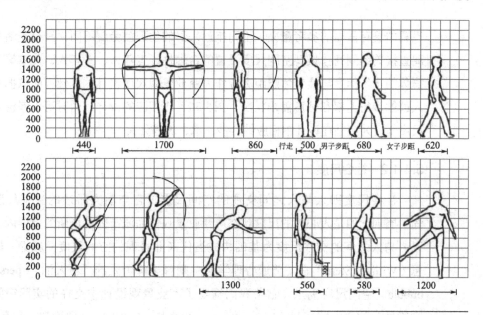

图5-28
人体常见的动态活动尺度（单位：mm）

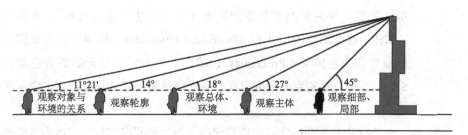

图5-29
视觉对象与环境的视距和垂直视角关系

❶ 张玉明, 周长亮, 王洪书. 环境行为与人体工程学 [M]. 北京: 中国电力出版社, 2011: 69.

	老年人步速为40～50米/分 The pace of the elderly is about 40-50m/min	行走20分钟左右需小憩 Walking for about 20 minutes requires a rest point	每200米建议设置休憩点 It is recommended to set a rest point per 200 meters
	青年人步速为60～70米/分 The pace of the young people is about 60-70m/min （儿童按照家长综合考虑） Children are considered according to their parents	行走30分钟左右需小憩 Walking for about 30 minutes requires a rest point	每500米建议设置休憩点 It is recommended to set a rest point per 500 meters

图5-30
老年人与青年人的疲劳尺度

设置中具有重要的参考意义。不同年龄人群的生理疲劳度不同，其行走活动距离直接关系到商业景观空间尺度设置的合理性。老年人、青年人、儿童等不同群体的步行速度与疲劳休憩距离应作为商业景观尺度设计的基础，应依据不同人群的步行速率和休息需求状况（图5-30）作相应的设计，同时可以考虑儿童尺度与行为特征在设计中相应结合沙、水、坡等元素。

5.4.1.2 社会尺度

社会尺度即人与人之间交往的空间尺度，它与前文所述的生理尺度不同，展现出的是人心理的尺度状态。商业景观作为城市公共场所的重要内容应以人与人之间的交往尺度为基础构成当代商业景观的空间尺度。威廉·斯特恩（William Stern）在《普通心理学》中阐释了每个人的"私人泡"（personal bubble）空间尺度需求，它帮我们确立了商业景观设计中交往的实际空间尺度需求。欧文·阿特曼（Irvin Altman）和立特（Lett）将此理论与"洋葱皮"（Onion Skin）理论联系，认为人们在空间内的交往尺度取决于不同的交往等级，随着交往关系的改变随即在剥开点上发生"边界现象"。霍尔（Edward T. Hall）在《隐藏的尺寸》（*The Hidden Dimension*）中将这种对变化尺度关系的研究作为近体学（Proxemics），提出了由亲密到公开的四等空间关系（表5-1）。这些交往的空间尺度研究对当代商业景观设计具有一定的空间尺度指导意义。

当代商业景观的空间尺度构建除了以生理尺度与社会尺度为基础外，横向与纵向的空间尺度整体呈现出增大、变化剧烈、结构复杂的趋势。当代城市的迅速扩张契合了人们追求物质的本性。消费社会的影像城市以巨大的尺度刺激人们的视觉并吸引人们的注意，消费空间构成的时尚被夸张、复制、翻新，营

表5-1 霍尔的四种距离分类

区域	界定距离	特点
亲密距离 Intimate Distance	小于18英寸即45厘米 less than 18 in（45cm）	与亲近的人相处的距离，依据触觉与嗅觉进行信息交流，人际交往中最重要而敏感的距离
个人距离 Personal Distance	相距18英寸（45厘米） 到4英尺（约122厘米） 18 in（45cm）to 4 feet（about 122cm）	亲切交谈的距离，人的本能保护圈大小，主要依据视觉进行信息交流，既亲切又不触犯对方近身空间的距离
社交距离 Social Distance	4英尺（约122厘米） 到12英尺（约365厘米） 4 feet（about 122cm） to 12 feet（about 365cm）	社会交往的一般距离，陌生人不易感到压力的距离。2～3.5米是远一些的社交距离，商务会谈的常用距离
公共距离 Public Distance	12英尺（约365厘米）以上 more than 12 feet（about 365cm）	无法以正常音量进行交流，主要依赖视觉进行信息交流

造出夸大尺度的戏剧性。雷姆·库哈斯在《小、中、大、超大》（*S, M, L, XL*）一书中对"大"（bigness）进行了一番论述，"大的终极建筑能将其自身从筋疲力尽的现代主义与形式主义的艺术意识形态运动中体现出来。"❶他同时还就大尺度带来的问题展开了深度的思考，对景观领域也是类同的。增大的尺度留在视网膜上的效应既可以是刺激的也可能是破坏性的，正如刘滨谊教授在《现代景观规划设计》中列举的乔治亚州（Georgia）亚特兰大（Atlanta）桃树中心商业景观（图5-31）的例子，名为城市复兴的巨大地面雕塑不禁令人发问：人类究竟在哪？

图5-31
乔治亚州亚特兰大桃树中心商业景观

❶ 雷姆·库哈斯. 大[J]. 姜珺, 译. 世界建筑, 2003（2）：44.

时间是贯穿于商业景观的重要因素，世界万物皆有着与之生命历程相对应的时间尺度。复杂性的存在物及物之间的关系也呈现于商业景观的时间因素之中。当代商业景观已经不再是纯粹静止的设计美学上的终极构图，它是针对动态发展的城市公共商业空间景观的功能需求和人的真实感受而提出的发展的人类商业活动环境构想。当代商业景观不仅是计划、设计、实施等物质环境的内容，更是外延反映着动态的社会、经济、文化、生态、市场语境，它由确定的、统一的、有序的、不变的语言转变为当下不可知的、矛盾的、无序的、延异的语言。延异性是当代商业景观时间尺度的发展趋向，它是指景观的形态与结构循序渐进地随着时间和时代的变化而呈现出发展变化。

当代商业景观以开放的、流动的、多元的、不确定的形态语言对变化着的语境的动态需求作出回应。随着时间、关系与需求的变化，呈现与之相匹配的商业景观承载者。澳大利亚哈格里夫斯购物中心的商业景观以"数码玻璃"作为景观形式（图5-32），以拼贴的游戏化手法展现变化的视觉图像碎片，以动态发展的呈现与当下联系的视觉形态来触动人们的思想，这种延异的时间尺度打破了传统一成不变的商业景观终极构图，将时间性与运动要素引入设计之中，表达出随时间演变下当代商业景观的动态过程。同样位于澳大利亚的悉尼达令港城市广场商业街，则是在商业景观中融入动态更换的时尚景观艺术形式，不断以动态的、前沿的艺术形态语言冲击人们的视觉（图5-33）。美国芝

图5-32
哈格里夫斯购物中心的"数码玻璃"

图5-33
达令港城市广场商业街变换的艺术景观

图5-34
橡树溪购物中心商业景观

加哥伊利诺伊州的奥克布鲁克购物中心商业景观随着需求衍生出一系列灵活的多功能区域，例如开阔的绿地绿化成为人们聚集休闲的露天影院（图5-34），入口的水景区域逐渐发展为人们举行活动的中心场地，大的自由商业景观框架内被人们多元、动态地填补了新的景观形式与内容。人们无意识的再创作改写了终极构图的内容，在其中注入更多偶然的精彩，这种动态的延异性成为消费社会语境下当代商业景观普遍存在的时间尺度特征。荷兰恩斯赫德的融贝克（Roombeek）商业街的水景随着工业地下水的撤离而逐渐消失了，再建的商业景观以破碎的踏脚石块面和特殊的水面反射图案构成了随城市水位变化而延异的商业互动式水景（图5-35），它既可以收集排放多余的雨水，又可以看到和听到自然的变化。综上所述，历史性与共时性并存的当代商业景观是社会、市场、文化、审美等的综合载体，时空历史性的发展演变引发了消费社会语境下当代商业景观时空尺度动态发展的延续性，它打破了以往一经建造则设计形态一成不变的状况。

图 5-35

荷兰恩斯赫德融贝克商业街的水景

商业景观设计需要以系统的思维全面审视与城市、建筑、人间的关系，以设计体现商业景观、建筑与城市的协同合作及相互尊重。商业景观与建筑是构建商业购物氛围的两大关键要素，其相互间的紧密关系更甚于其他景观类型，因此，当代商业景观设计与建筑要素的关联可以呼应、融合的方法展开论述。此外，具有时尚外衣的当代商业景观不能忽视其与城市场地历史文化的关系。城市存在的历史印记作为旧的要素与新的城市商业景观之间的关联则可以从形态、色彩、材质、肌理展开联系。

5.5.1
建筑要素的关联

吴良镛先生曾将城市规划学、建筑学、景观学阐释为三位一体的广义建筑学[1]。他认为设计的主要任务就是为人们创造多要素融合的合适空间，他用"将设计精心安置在大地母亲的怀抱里"[2]来呼吁城市、建筑、景观相互关联的整体考虑。这里研究的当代商业景观是狭义的商品交换场所的景观，它与商业建筑体的依存关系更为明显，商业景观本质上更需要将城市、建筑、景观要点整合为一进行综合创造。因此，当代商业景观形态语言语法要素关联的部分需包含商业景观与建筑要素关联的常见手法与规则，呼应和融合作为与建筑照应的常用手法。

5.5.1.1 呼应

呼应主要指商业建筑与景观直接产生相互的联系，即通过形状、色彩、材质、元素、内涵等相互的关系寻求整体商业场所的统一感。这种商业建筑与景观的统一感会强

---

[1] 吴良镛. 世纪之交的凝思：建筑学的未来[M]. 北京：清华大学出版社, 1999: 67.
[2] 同上。

化场所品牌印象并增强设计语言的表达力度。以呼应为建筑关联的方法主要从主题型和视觉型展开。

主题呼应型案例中典型的有以"都邑中的花圃"为主题建成的日本千叶庭院漫步（Garden Walk）购物中心。购物中心的外部有鲜明的花卉形态，整个商业景观贯穿着山茱萸、玫瑰等各种鲜花搭配塑料制成的"荆棘"，与花瓣形的建筑屋顶构成主题的呼应。2000年开业的该购物中心以其整体的主题性营造迎来了450万人次的顾客量。同样位于日本的购物中心维纳斯城堡（Venus Fort）室内外的商业景观融入了大量具有柔美形态的女性雕塑元素，与局部融合欧洲古典风格的商业建筑相呼应，并结合时下先进的灯光技术，营造出主题式的穿越购物体验。伊东丰雄以"海上扬帆"为主题设计的新加坡Vivo City怡丰城购物中心，靠着海湾的白色流线型建筑既像涌动的海浪又像飘动的白色风帆，因此，在入口广场的商业景观以水景营造出曲线的海浪形态烘托主题的氛围。

视觉呼应型典型的案例较多，主要从形态、色彩、材质等显性的视觉层面构成建筑与商业景观的呼应效果。"建筑界女魔头"扎哈·哈迪德的设计语言具有极强的视觉识别性，她在望京SOHO商业项目中以双曲线的流体建筑形态对全新时代语境作出回应（图5-36）。扎哈与易兰（ECOLAND）规划设计院配合，运用与建筑形态一致的不规则曲线，构成了具有整体性的时尚商业空间。Hassell Studio设计的棕榈泉（The Palme D'or Project）商业景观通过水景的池底曲线形态和对建筑形态的反射，实现了建筑与景观的视觉形态呼应（图5-37）。流畅自由的形态在建筑界面和景观之间呼应穿梭，形成了整体的空间效果。

图5-36
望京SOHO商业景观鸟瞰

图5-37
棕榈泉商业景观

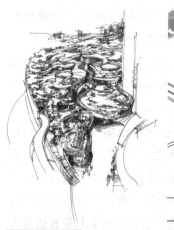

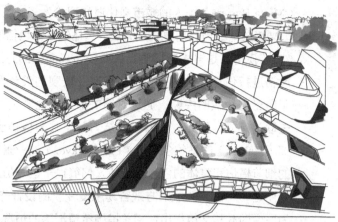

图5-38
难波公园商业景观

图5-39
里斯本商业广场建筑与景观的融合

5.5.1.2 融合

　　融合即各部件结合在一起形成一个和谐的整体。❶商业建筑与景观的融合关系主要指建筑与景观在形态上结合为一个整体。城市土地利用紧张的局势下，这种融合提升了商业空间的紧凑性。这类案例在国内外都较多，例如难波公园商业中心的商业景观设计，层层仄仄的趣味多维商业景观和建筑的竖向与空间关系完美结合（图5-38），为人们带来丰富的室内外多元融合的休闲、购物、娱乐体验。里斯本商业广场建筑形体的折叠面巧妙地与景观及周边地形融合，构成完整紧凑的独特"天使市场"（图5-39）。群星城商业中心是近几年中国兴建的购物中心内商业景观与建筑融合的典型案例。

---

❶ 麦克雷特. 设计的语言 [M]. 沈阳：辽宁科
　学技术出版社，2015: 70.

5.5.2
新旧要素的关联

　　城市规划设计与理论研究者米格尔·马德拉（Miguel Madera）将城市比喻为"重写本"。重写本（palimpsest）是中世纪抄写员使用的再生羊皮纸卷，抄写员们会刮掉原先的文本，在遗留的刮痕上再书写，以节约宝贵的羊皮，新的文本内容常常带有旧的痕迹。这与处于城市中的商业景观存在方式类似，是多层重叠而成的系统。城市旧有的文化基础痕迹都会在某种程度上成为商业景观存在的背景环境，新建造的商业建筑及景观会确立自身的概念定位，与旧的城市环境背景形成关联与共生。进行新旧要素关联的前提是确保旧有要素的价值，萃取精华的成分与当代新的商业景观设计相融合。新旧要素关联的方法归纳上，本研究以玛塔·巴雷拉

（Marta Barrera）等人的城市文化遗产理论为基础❶从模仿、冻结、质变阐释新旧要素关联的当代商业景观语法，具体的手法包括形态、色彩、材质、肌理。

"模仿"是寻求新旧要素关联较为表面化的方式，即对旧有的城市元素与风格进行仿造。这一方式在当代商业景观的设计案例中较为多见，实质造成了历史连续性的中断。通过对旧的形态、色彩或材质的仿造使人们构成新旧关联的感受。例如，以商业建筑与景观共同模仿当地传统城镇的西班牙马拉加（Malaga）的马约尔广场（Plaza Mayor）商业景观。人们借由传统城镇形态的细节模仿和整体的色彩感受使人们徜徉于这一仿造的具有新旧连接性的商业场所之中，这一关联的方式容易引发变质的设计作品。"冻结"的方式逐渐成为联合国教科文组织出台相关措施希望消除的情况，它是指对旧有要素的静态的过度保护，阻止后续新的层次的再书写意味着失去了动态发展事物的深层特征。当代商业景观项目中，常常出于保护将旧有要素隔离成为孤立的展示的存在。"质变"是一种全新的新旧要素的共生关系，新的要素以当代的语言提升了旧有要素的价值，在城市过去的基础上焕发生机。

新旧要素关联的"质变"方式借助形态、色彩、材质、肌理的设计元素运用，实现了全新的共生关系。Kobmagergade项目旨在于当代商业景观设计中融入中世纪古老街区的旧存城市背景，KBP.EU以18世纪该地区的煤炭贸易为切入以特色的铺装进行区域的划分并带来独特的视觉冲击（图5-40）。曲线的自由时尚形态勾勒出的多层景观绿地在城市的古街道之中焕发生机，旧有城市地域文化要素又得到了升华。在杭州南宋御街建筑景观改造项目中，普利兹获得者王澍珍视历史的沉淀，以城市复兴为概念，新旧要素做夹杂与融合产生的质变守住了这座城市的灵魂。他首先从尺度上遵循1927年设置的最适合人步行的12米尺度，在街道建筑与景观的处理上，不单只依靠旧的要素，而是将其作为刺激的兴奋剂进行新的创造。他将城市结构的梳理置于装饰性的内容之上，商业景观的空间呈现出新旧交杂的一个个大院子（图5-41）。南宋高台植树的手法也被运用于新的商业景观造景之中。王澍通过捕捉南宋御街当初两侧用来防水的"太平沟"和两边风雨廊的初始形象，并利用自然的地势，建造出具有生动声效和视效的水景（图5-42）。在复杂的城市商业街道环境之中，用片段的回忆方式将南宋御街的历史元素融入新的当代商业景观创造中，最终形成多线索综合保护与质变的高度再创造商业景观作品。

---

❶ 玛塔·巴雷拉·阿德米，哈维·卡罗·多明戈斯，米格·亨迪·费尔南德斯，等.面向永恒的建筑[J].城市建筑，2013(13): 17-25.

图5-40
Kobmagergade 商业景观

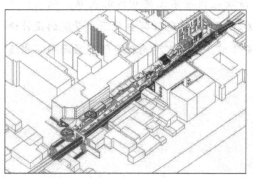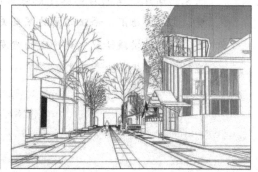

图5-41
南宋御街商业景观图纸

图5-42
南宋御街商业景观

本章小结

　　语法是语言的结构规律，是思维抽象化工作的成果，是在特定语境中长时间凝练成的规则。本章以当代商业景观实践案例为基础，从场地结构、空间关系、比例尺度、要素关联四个部分进行了梳理和研究，总结出一些当代商业景观的形态语法特征与规则。多元的消费社会语境下，当代商业景观无法清晰地区分风格与流派，并且由于景观语法的描述性特征，无法将所有的当代商业景观强置于某一单一语法规则之下，很难总结出公式类的单一确定规则，只能灵活地作为指导与参考。此外，其中存在消费社会诱发的糟粕式形态语言构建方式，需要我们在实践中筛选与斟酌。当代商业景观形态语言语法的特征与规则在一定程度上是作为当下消费社会语境的表征，昭示出时代、设计、人的综合质变。研究语法的目的在于能够更清晰地梳理语汇要素间的关系，探寻出语境、文本、语汇、语法之间的深层关联，以更好地理解当代商业景观的设计语言，对设计实践活动起到一定的启发作用，并于宏观的社会研究层面书写出适应时代的当代商业景观文本。

第 **6** 章

当代商业景观形态
语言的语义

　　商业景观设计作为一种语言，它可以像文学作品一样被言传、阅读和想象，它与人类城市生活密切相关，是表达人类思想的艺术。视觉形态语言背后对社会、市场、文化、审美等深层的表达与揭示，是其存在的重要意义所在。设计的形态语言结合具有差异性的人，从而产生独特的体验、感知和意义解读。此外，这种双向作用的结果具有动态性的特征，时代语境与审美主体的嬗变即带来语义内涵的演变。形态呈现的背后昭示出一种全新的时代观念。以语义系统为基础的设计形态语言修辞手法使语言表达更具感召力，它呈现的语义和一般的语义表达具有一致性。因此，本章以当代商业景观形态语言的修辞手法及当代商业景观形态语义内涵为内容展开论述，阐释消费社会时代语境下设计形态语言背后的多重意义。

当代商业景观形态语言的修辞手法

对文学语言修辞的研究与掌握，可极大提高语言的表达效果，使语言更为准确、生动、鲜明。商业景观设计可被视为一种文化现象，即一种语言符号系统，它也可以类比语言的修辞手法。为了增加当代商业景观传情达意的效力，其设计形态语言中也引介了与文学语言类同的修辞的多种手法，以共鸣提升商业景观场所的吸引力与感染力，以实现设计的润色效果。修辞学家陈望道从材料上的辞格、意境上的辞格、词语上的辞格、章句上的辞格四类分解积极修辞的内容（表6-1）。❶ 这里以此为理论基础，与当代商业景观设计实践结合，从中选取具有设计修辞手法代表性的四点展开阐释与分析，依次为譬喻、夸张、引用、错综。

表6-1　修辞学家陈望道积极修辞的分类

序号	类别	具体内容
甲	材料上的辞格	一、譬喻　二、借代　三、映衬　四、摹状 五、双关　六、引用　七、仿拟　八、拈连 九、移就
乙	意境上的辞格	一、比拟　二、讽喻　三、示现　四、呼告 五、夸张　六、倒反　七、婉转　八、避讳 九、设问　十、感叹
丙	词语上的辞格	一、析字　二、藏词　三、飞白　四、镶嵌 五、复叠　六、节缩　七、省略　八、警策 九、折绕　十、回转　十一、回文
丁	章句上的辞格	一、反复　二、对偶　三、排比　四、层递 五、错综　六、顶真　七、倒装　八、跳脱

6.1.1

譬喻

譬喻（allegory）又称作比喻，是材料上的辞格，它基于形象思维。是思想的对象如与其他事物具有类同点，则可以用另外的事物予以暗示或表达。它隐含的两个因素，

❶ 陈望道. 修辞学发凡[M]. 上海：上海教育出版社，2006: 67-68.

表6-2　明喻、隐喻、借喻的文字举例和商业景观的譬喻

类别	定义	文字举例	商业景观
明喻 simile	分别用另外事物来比拟文中事物	君子之德如风，小人之德如草	
隐喻 metaphor	比明喻更进一层，与正文的关系较明喻更为紧切	君子之德，风也；小人之德，草也。草上之风，必偃	
借喻 metonymy	比隐喻更进一层，全然不说正文，便把譬喻作为全文的代表	缫成白雪桑重绿，割尽黄云稻正青	

一是意义（某种观念或对象），本体。二是表现（一种形象），喻体。它又可细分为明喻（simile）、隐喻和借喻，三者主要是在形象表现方式上具有差异。❶依托两种事物感知、体验、想象的相似性而产生出一个派生物，这种表达赋予语言更生动而持久的魅力。

从明喻、隐喻和借喻细分的三者来看，建筑与景观领域内，隐喻修辞与设计形态语言更为贴切且使用更为普遍（表6-2）。它一直被无意识地运用着。隐喻被作为系统的研究对象是在后现代建筑运动之后。美国建筑师罗伯特·斯特恩（Robert Arthur Morton Stern）将具有隐喻性定义为后现代建筑的特征之一。❷安妮·斯本在《景观的语言》中认为隐喻可以为人们的思考提供指导和线索，在充分

发挥联想的过程中景观参与者实现了情感的连接，这一过程也是依赖于景观参与者的文化背景与空间体验。景观物质的"器"承载形而上的"道"，探求形态或意义相似的联系性，最终实现景观意境的表达。譬喻中的明喻手法是以直接的直观形式呈现意境的表达，在形式上更为具象，与原对象的紧切程度也不及隐喻。借喻比隐喻更进一层，被比拟的原对象完全不被提及，而借喻对象成为承载的代表。

在当代商业景观设计实践中，譬喻的修辞手法虽不如纪念性空间或艺术文化空间当作主要的修辞手法予以使用，但当下人们迸发的文化精神即使在商业场所也希望能获取连接与共鸣，越来越多的当代商业景观被赋予了深层的语义表达。大量商业景观以标志物为本体，借助其形态形象的相似性表达点明商业空间主题。例如马岩松"城市山水"的代表作骏豪·中央公园广场的建筑与商业景观（图6-1～图6-3），用明喻的形态修辞手

❶ 陈望道.修辞学发凡[M].上海：上海教育出版社，2006：69.

❷ 张波.哲学思维在建筑设计中的运用实践[M].西安：电子科技大学出版社，2018：45.

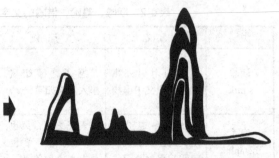

图6-1
马岩松"城市山水"明喻的设计形态

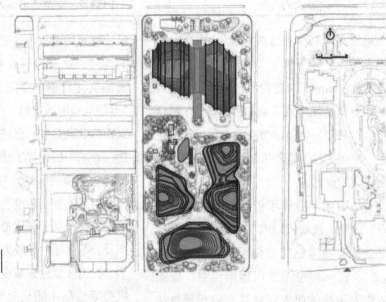

图6-2
"城市山水"设计平面图

图6-3
"城市山水"实景

法以建筑和景观对自然元素山的形态进行比拟，与朝阳公园的大片湖水共同营造钱学森先生所言的"城市山水"概念和意象。这一设计作品在全球化时代中国传统文化日渐失语的语境下，由形态入手，实现了视觉、意境、自然生态关系等多层面的传统文化融入，改变了设计形态趋同的状况。美国Orchard Town商业中心在景观的局部多处利用缤纷的抽象苹果形态比喻本地悠久丰厚的农业历史（图6-4）。艺术家以苹果为原型设计了景观座椅，并且结合了公众参与签名和绘画的内容。理想城商业景观案例中运用了典型的隐喻手法。鲤鱼形态被人们认为是招财纳福的美好生活的象征，在商业景观中引入抽象动态的鱼的局部形态，以隐喻人们幸福美好的理想生活，同时与商业景观名称实现了主题性呼应（图6-5～图6-10）。以并置的金属材质线条塑造欢跃的动态鱼的形象，成为商业区景观具有强识别性的景观标志物。荷兰恩斯赫德的融贝克商业街以特殊

的宽窄变化呈现出独特的空间特征，并且以水景底部粗糙的结构处理构成水面恒定的反射图案，结合随机的破碎形态的踏脚石形态，隐喻出对自然以及烟花灾难的参考（图6-11～图6-16）。利玛窦广场商业景观以斜指赣江的断桥作为形态的表达，隐喻历史的愿望和眺望，并在垂直于断桥的位置以不规则锈钢"巨岩"构成的破碎、曲折的空间形态隐喻利玛窦所经历的跋涉崎岖的中国传教旅程，铺设的硌脚而不宜行走的黑色碎石路面隐喻了压抑的心理与身体的煎熬，断桥和"巨岩"带状空间之间的十字交叉形态又再次隐喻了筚路蓝缕弥合中西鸿沟的中西文化探索者——利玛窦（图6-17、图6-18）。十字冲突的形态关系是土人设计团队庞伟作为设计者对人们的一种拷问：中西交流与冲突的洪流中我们应如何应对？在商业景观设计中，依据具体的情况运用譬喻的形态修辞手法，可以更为生动准确地表达语义，增强情境传达的效力。

图6-4
果园镇商业中心的苹果形态

图6-5
理想城以欢跃的鱼比喻美好

图6-6
鱼的美好含义

图6-7
理想城入口抽象鱼形态的商业景观标志物

(a) 入口

(b) 蜿蜒的水池形态

图6-8
理想城商业景观

图6-9
理想城商业建筑与景观模型

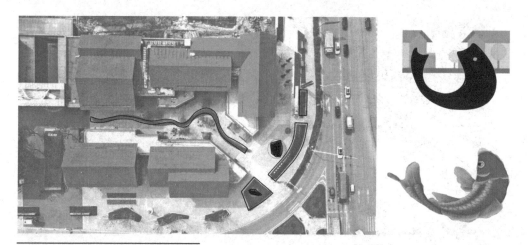

图6-10
理想城商业景观平面中水景的形态与鱼的呼应

图6-11
融贝克商业街的破碎形态水景

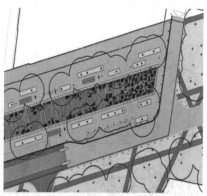

图6-12
融贝克商业街的平面图

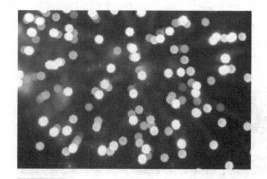

图6-13
烟花的形态

图6-14
融贝克商业街景观的破碎形态

图6-15
融贝克商业街的商业景观形态视觉效果

图6-16
融贝克商业街的商业景观效果图

艰难有荆棘的道路形态   利玛窦广场象征荆棘重重的传教历程的形态隐喻

图6-17
利玛窦广场隐喻的设计形态

图6-18
利玛窦广场透视图

6.1.2
夸张

夸张（exaggerate）是意境上的辞格，当言语的主观情意抒发目的盖过事物的本真阐述，则名为夸张辞。因此，夸张的修辞手法在于抒写情绪的感染，不受其事实的拘泥。运用夸张的修辞能够增强语言的感染力，带来深刻的形象记忆。当代商业景观的属性决定其成功与否很大程度取决于人们对该场所特征的记忆与吸引。当代商业景观创作中夸张修辞的运用可以使设计语言生动有趣，为人们创造兴奋点与记忆点。

当代商业景观形态语言夸张的修辞手法主要从三个方面入手寻求变化（表6-3）。首先，是直观的尺度夸张，当商业景观形态的尺度超越人体，以夸张惊人的尺度存在时，通常会颠覆传统的视觉规律而不同凡响。其次，夸张的形态组合关系也会带来独特的商业景观特征。例如形与形之间的非规整关系，如反转、扭曲、错落、嵌套等。最后，可以从反常规的构想实践夸张的修辞手法。"破"与"立"是设计中的一对较难把握的相对关系，在商

表6-3 形态夸张修辞的主要手法

夸张的辞格	直观的尺度夸张	当商业景观形态的尺度超越人体，以夸张惊人的尺度存在时，通常会颠覆传统的视觉规律而不同凡响	
	夸张形态组合的关系	夸张的形态组合关系也会带来独特的商业景观特征	
	反常规的构想	通过"离经叛道"的夸张创造出为人们审美、行为等各层面接受的不平淡的构想的创造性诠释	

业景观设计中如何通过"离经叛道"的夸张创造出为人们审美、行为等各层面接受的不平淡的创造性诠释，是一个需权衡的难题。这三方面构成了当代商业景观形态语言夸张的修辞策略。

运用夸张修辞手法构建的非常规尺度的商业景观标志物常常使商业场所极具识别性，有大量此类型的景观案例。这类商业景观设计中常融入雕塑或装置元素，共同构成丰富的趣味城市商业活动空间。让·梅泰（Jean Bernard Metais）将反物理现象的圆环艺术作品融入英国伦敦大卫购物中心的商业景观，超大尺度地带来奇特的相对空间体验，这一极具视觉冲击的商业景观区域成为大卫购物中心的标志，人们可以借此判断购物中心的步行方向（图6-19～图6-21）。由White Arkitekter设计的尺度极为夸张的65米超长商业景观座椅为乌普萨拉的福尔库托商业广场（Uppsala's Forumtorget Commercial

图6-19
大卫购物中心的商业景观

图6-20
大卫购物中心的商业景观夜景

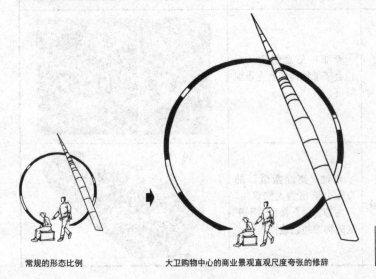

常规的形态比例

大卫购物中心的商业景观直观尺度夸张的修辞

图6-21
大卫购物中心商业景观中运用的修辞手法

Square）吸引了巨大的人气，它既是景观座椅，又是整个公共聚集商业空间的重要节点（图6-22～图6-25）。这一超越常规座椅尺度的夸张手法成功塑造了具有独特

性的标志性公共"沙发"（public sofa）商业景观。KMD Architects建筑事务所设计的多功能帕奎（Parque）地下中心商业景观，运用了尺度上夸张的修辞手法，将地

图6-22
福尔库托商业广场商业景观

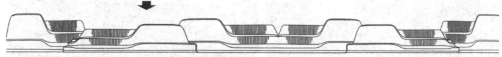

图6-23
福尔库托商业广场商业景观中运用的修辞手法

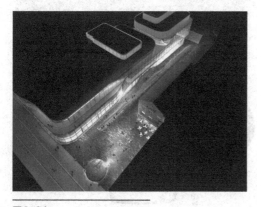

图6-24
福尔库托商业广场商业景观鸟瞰图

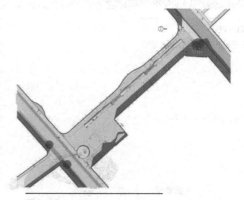

图6-25
福尔库托商业广场商业景观平面图

下商业空间的采光结构与商业景观设计结合（图6-26、图6-27）。尺度夸张的三个伞状景观构筑物营造了极具视觉冲击力的奇幻商业购物氛围。结合绿色植物的种植，它成为该商业空间净化环境的景观"绿肺"。Hassell事务所于尼科尔森购物街（Nicholson Street Mall）商业景观设计中运用夸张的形态组合关系处理，使休闲座椅呈现错综的带状关系，并结合高纯度的黄色地面色彩变化，营造了动感活泼跳跃的时尚商业景观，使乌普萨拉的Forumtorget广场重新焕发了活力（图6-28、图6-29）。此外，布伦瑞克商业街景观也是夸张形态组合修辞手法的典型案例（图6-30）。普利斯设计集团（Place Design Group）被委任作为推动布伦瑞克街购物中心（Brunswick St. Mall）经济复兴的设计者。通过设计促进商业街休闲化发展，增添商业街功能与氛围的丰富性。通过商业景观设计增强商业街吸引力，提升整体经济效益。Place Design Group在设计形态的表达中，通过对形态组合关系夸张的修辞手法，营造了丰富活泼的商业购物氛围，成功通过商业景观集聚了购物街人气。景观构筑物支撑的破碎而富有动势的夸张结构，成为整个商业街的亮点。上文论述的帕奎商业中心景观还以反

图6-26
帕奎地下商业中心景观局部

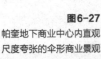

图6-27
帕奎地下商业中心内直观尺度夸张的伞形商业景观

常规的形态比例

帕奎地下商业中心直观尺度夸张的商业景观形态

图6-28
尼科尔森购物街商业景观

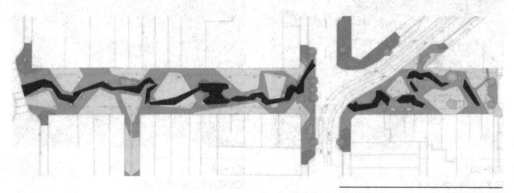

图6-29
尼科尔森购物街商业景观夸张的形式组合

图6-30
布伦瑞克商业街景观及夸张的形态组合

常规的构想实践了夸张的修辞手法（图
6-31～图6-34）。通过景观设计颠覆了人
们对地下商业空间购物环境的固有印象。
三个巨型景观伞结构联通了地上层、地下
层和种植区，以反常规的手法营造了趣味

的购物空间体验。总的来看，夸张辞对于
形态语言的运用，极大地增强了设计语言
的感染力，有利于营造趣味丰富且为人们
深刻记忆的当代商业景观作品。

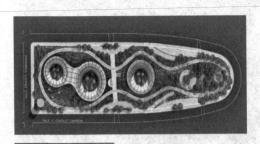

图6-31
帕奎商业中心景观平面图

图6-32
帕奎商业中心景观鸟瞰模型

图6-33
帕奎商业中心景观局部01

图6-34
帕奎商业中心景观局部02

6.1.3
引用

　　在文字中夹插其他故事或成语以协同描绘事物，达到增强感染力的效果，或借此陈述表达某一思想的部分，名为引用辞。文字的引用辞方式分为明引法和暗用法，这与譬喻中的明喻和借喻类似。略语取义和语意并取是引用修辞的两种运用方式。[1]语言学家陈望道先生将引用不当的流弊列举为五种，依次为隐僻难懂、拉杂生厌、浮泛不明、不合自然、有失照管。[2]从引用辞方式分类到具体的运用方法，再到运用不当的流弊都是当代商业景观形态语言的引用修辞极为类同。当代商业景观实践案例中常以这一修辞手段增强商业空间的感染力或

[1] 陈望道.修辞学发凡[M].上海：上海教育出版社,2006: 101.
[2] 陈望道.修辞学发凡[M].上海：上海教育出版社,2006: 103.

以某一思想体现主题性特征。在某些商业景观案例中，由于引用的内容与形态不为人理解或生搬硬套引发突兀感等，即形成与语言流弊类似的商业景观设计语言的问题。设计形态语言中引用的部分不同于文字语言的故事或成语，它主要是富有特征性或代表性的形态、色彩、思想文化等。

再设计的因斯布鲁克（Innsbruck）商业步行街景观目标是缓和城市化和文化遗址间的关系，在过去与未来之间构成一种平衡，创建一个层次丰富的城市商业步行街道，设计者奥尔斯·怀特·古特（Alles Wird Gut）从花岗岩和黄铜的材质隐含的故事性入手，以花岗岩和黄铜材质构成的连贯正方形表面形态阐释城市历代与未来的平衡（图6-35），并以此为街道广场区域的界定，共同呈现出具有沉淀感与时代感的步行街景观。ASPECT景观设计工作室设计的中法仟佰汇金地ONE CITY（Gemdale ONE CITY）商业景观希望根植于当地文化，在景观设计语言中引用起源于湖北楚国的凤凰文化故事和凤凰翩翩画面的描绘，楚文化图腾凤凰羽翼转换为抽象的形态融于景观表达之中（图6-36～图6-40），流畅的景观叙事串联整个商业场所，点睛的引用修辞增强了整个商业空间的感染力。金域蓝湾商业街区内的景观以宁静的永恒之美为意境表达，

图6-35
因斯布鲁克商业步行街景观

图6-36
中法仟佰汇金地ONE CITY商业景观鸟瞰图

图6-37
中法仟佰汇金地ONE CITY商业景观01

图6-38
凤凰形态

图6-39
中法仟佰汇金地ONE CITY商业景观02

图6-40
中法仟佰汇金地ONE CITY商业景观标志物及平面局部形态

图6-41
金域蓝湾商业街景观细部

图6-42
海湾的景象

图6-43
金域蓝湾商业街景观

以"湾"为整体营造概念，引用沙岸、砾石、朝曦暮霞为故事片段（图6-41～图6-43），转化为设计的形态语言，营造出充满场地精神的商业空间。

6.1.4
错综

错综的修辞手法是将排比、对偶、反复等相同词面的整齐形式以参差别异的语言来表达。❶ 错综修辞手法可以使语言更加活泼、多样、有趣，增强文本阅读的生动感，避免单调而呆板。语言学家陈望道先生将错综的修辞方法梳理为四种：抽动词面的位置关系、参差调整词语的顺序、长句短句错杂以伸缩文身、以混杂多变的句式运用形成错综。❷ 正是由于当下消费社会语境下人们对当代商业景观的需求

及偏好与错综修辞手法的作用契合，致使当代商业景观的形态语言中广泛地涉及错综修辞的内容。多样、趣味、复杂的语言相较于单一、规则、严肃的语言形态，它更适应物欲满溢的消费社会需求与审美状态，空间体验的趣味性也是商业场所聚集人气的重要因素。通过对当代商业景观设计语汇位置关系的抽动与变化、参差调整区域与节点的位置、对景观组合结构的丰富错杂处理以及增加景观部分的多元丰富性，都与陈望道先生梳理的修辞方法具有类比性。因此，当代商业景观中错综修辞的运用极大提升了商业空间的丰富性与体验趣味性，为商业区域带来更优的效益。

2018年建成的挪威特恩广场（Tøyen Square，图6-44）是服务社区的商业购物区域，其中的商业广场是当地居民异常活跃的聚集地，因此开放性和丰富性成为该商业景观再设计的品质要素。整个场地商业景观以"特恩地毯"（Tøyen carpets）为概念，通过三种砖块错综的砖铺模式呈现世界各地的地毯图案，通过抽动区域形

❶ 陈望道. 修辞学发凡[M]. 上海：上海教育出版社，2006：203.
❷ 同上。

态的位置关系构成多用途座椅的景观休息区（图6-45），可坐、可玩、可躺的开放形式成为最受人们欢迎的区域。多层次区域的不同穿插组合营造了社区生动、活泼、趣味的商业购物与娱乐休闲城市空间。西班牙德尔托科（Plaza del Torico）商业景观在并不宽裕的街道希望通过设计营造活跃、丰富的公共空间氛围，因此，设计者通过不同方向长短错杂的灯线作为景观铺装的变化，增强了街道行走的趣味感（图6-46～图6-49）。运用混杂多变"句式"的佐鲁商业中心景观语言生动而富有趣味性，混杂多变的区域内形态与参与式商业景观功能令人眼花缭乱，尤其是结合绚丽的色彩，将以往单一的购物场所打造成为当地人们热衷的娱乐休闲胜地（图6-50）。

图6-44
特恩广场商业景观俯视与局部

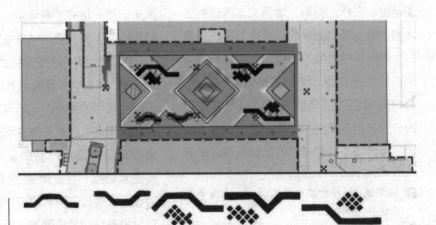

图6-45
特恩广场商业景观
错综的形态修辞

图6-46
西班牙德尔托科商业景观

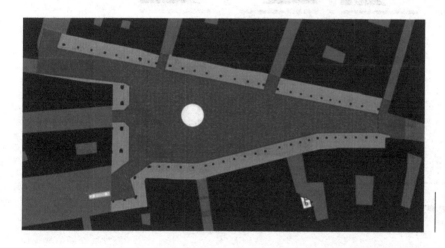

图6-47
西班牙德尔托科
商业景观平面图

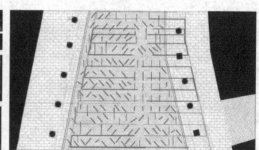

图6-48
西班牙德尔托科商业景观设计图纸

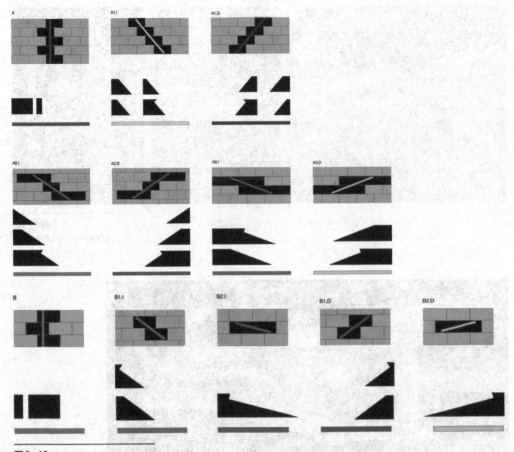

图6-49

德尔托科错综形态的施工方法图纸

图6-50

佐鲁商业中心商业景观

语义作为语言三要素的核心，是语言符号主要功能的体现。语义的内涵除了包括静态的语言符号意义外，还包括社会、历史、文化意义下的行为、言语、作品中符号组合的意义传达，❶它是人们对客观世界概括的反应。当代商业景观作为设计的语言，它的语义内涵是研究商业景观内各语言符号及设计作品背后体现的多重社会、文化、历史意义。它超越某个个体，是社会大众的反映。大的语义网络与审美主体个人的背景、经验、知识形成了丰富的意义阐释。人们在感知商业景观形态的过程中，脑海中自主地抽象出其中的符号并进行加工和处理，产生意义并传播开来。正如社会学家哈贝马斯（Jürgen Habermas）对人们形成公共事务观点的"公共领域"（public sphere）空间形态与思想体现的含义理解，城市公共商业景观是人们社会生活的领域，人们具有进入的自由性，公共的观点与意义阐释继而产生。❷消费社会语境下，作为人类公共文化与精神交流平台的当代商业景观，以时代变化的形态语言承载着动态的意义阐释。设计师更是将商业景观的设计语言作为一种文化精神的能量表达、治愈、提升时代语境下人们的精神与灵魂。

6.2.1
精神诉求的质变

6.2.1.1 "模糊"的诉求

当代商业景观的形态语言表达的是一种"多元""模糊""丰富""不确定"的诉求，它是对人们情感精神需要的反馈。消费社会文化的自由表现出这种特殊的心态模式，面对消费社会各种文化、矛盾、危机，人们也以这种生活

---

❶ 崔希亮. 语言导论[M]. 北京：北京语言大学出版社，2016: 142.
❷ 哈贝马斯. 公共领域的结构转型[M]. 曹卫东，译. 上海：学林出版社，1999: 14.

心态予以回应。这即成为当代商业景观的创作心态，又是体验模式；既是思维模式，又是行动样态；既是直觉方式，又是社会心态。消费社会语境下日常生活呈现审美化，真实和想象的区分、生活与艺术的界限、精英文化与大众文化的区隔都被抹去了。生活与文化艺术创作紧密联系、相互渗透。未知的文化、矛盾、危机也渗透至社会结构与人们的行为活动之中。因此，当代商业景观的设计创作语义与生活模式结合于一体了。消费社会的表征物质状态无限地增加，从而引发了界限的消解，呈现出"混沌"的无序状态。经过曲折的转变，模式精确化、逻辑化、理性化的思考与心态在当下呈现出不确定、偶然化、非理性化的"模糊"诉求。

无论是当代商业景观的典型案例佐鲁中心商业景观模糊无序的布局形态，还是前沿设计大师扎哈·哈迪德望京SOHO充满偶然性的商业景观形态，抑或是新加坡枫树商业城商业景观含混的意义表达等，大量的实践案例揭示出未知时代各种文化、冲突、危机，人们行动样态和社会精神跳脱形式标准的新诉求。以往意义表达明确的具象商业景观标志物，转变为当下模糊"所指"的抽象形态呈现。以往轴线清晰规整、形态完整有序、形式均衡统一的商业景观布局，转变为当下强烈空间轴线的消解，形式也更为丰富、无序、自由。这种种嬗变皆体现了当代的诉求、取向与审美。充斥着物质与视觉景象刺激的消费时代，人们被图像文化挟持，大量技术升级的物质产品让人们疯狂，这种令人麻木的视觉与精神刺激，使人们在当代商业购物景观体验中无须唤起任何与景观精神意义上的连接。正如前文所述，商业景观语言与审美主体个人的背景、经验、知识共同加工为丰富的意义，人们感知商业景观符号并进行加工与处理，最终产生意义并传播开。由于当代商业景观本身的特殊属性，它作为消费的"同谋者"，需要满足人们追求时尚、求新、娱乐的需求，这致使必须摒弃形态设计语言中束缚的、厌倦的、标准的"形式"的内容。设计师凭借创造性的空间结构布置、丰富的语言修辞手法、夸张的视觉效果渲染非理性的、构建出与传统和近现代截然不同的当代商业景观。由对场所主题思想的探索转变为对商业景观视觉与空间趣味性的体验。当代商业景观语汇更为多元与开放，它阐述的语义内涵更为"不可捉摸"，呈现的是与精神诉求一致的多重意义的模糊。

6.2.1.2 "开放"的诉求

人类社会和文化的发展，致使原本思考和生活一致的基本特征转变为统治者意志下的社会分工导致的割裂状态。"形式"作为真理标准的思想一直贯穿着消费社会之前的西方人的整个生活，这种统一的真理标准的精神模式也成为西方社会制度与法制的基础。随后，伴随着消费社会思想与文化的激动，人们认识到自由与开放和现实世界本身是契合的。当代商业景观设计形态的多元、自由、开放，承载了思想和表达的自由，人们的生活与行为方式在开放的状态下才能跳脱束缚呈现多元，在这样的状态下迎合人们求新的本能，体现创作模式与生活模式的结合。全球化与信息化的消费时代社会结构与意识形态的多元化是当代商业景观形态语言语义表达背后的孕育者，大众文化（mass culture）的兴起更是精英文化、上层文化等进行的转化与混合。城市当代商业景观已成为城市生活不可或缺的开放性承载场所。

正如艾弗蕾西亚商业广场破碎的布局中偶然性蔓延的三角形态的商业广场景观，打破了以往空间等级分明的制约性商业景观形式，为人们营造了丰富而自由的城市休闲场所，开放的商业景观形态为人们提供了不同的功能环境，成为消费文化泛滥的匹配性的设计形态。这一开放的广场形式，承载了人们城市生活与行为的真正自由。又如多感官体验的商业景观Zighizaghi，反复组合构建的多层次六边形态组合的开放空间，任何人都能在这里寻求一块舒适、自由、趣味的景观空间。纽约的曼哈顿广场的商业景观俨然成为当下消费生活的生活形态，多元的符号的拼贴组合成为商业景观内多重表达的

"能指"，夸张尺度的抽象"笔触组"和"S-Man"标志物体现了大众艺术与生活的融合，以一种"祛魅的艺术"融入人们的城市生活。组合高低错落、形态参差错综的木制休憩平台成为人们自由交谈、进食、休闲的多功能场所。开放的结构形态满足人们躺、坐、靠等各种行动样态。美国芝加哥伊利诺伊州的奥克布鲁克购物中心（Oakbrook Center, Chicago）商业景观以大面积开敞的地被植物取代了固定分隔的灌木，以适应灵活的、个性的、多功能用途的商业景观形态阐释时代语境下商业景观物质价值的开放性需求，体现人们精神与物质开放性的双重诉求。

6.2.1.3 "个性"的诉求

消费社会语境下，人们希望借由消费表达个性，以符号象征个人身份。大卫·理斯曼说："今天最需要的，既不是机器，也不是财富，更不是作品，而是一种个性。"整齐划一的乏味消费活动产生了与日俱增的"餍足感"，人们逐渐追求个性的消费。除了消费趋向由大公约数似的标准化产品消费转向独特的个性化产品外，家族或社会共同体的一体化消费群体转变为个人化单位，原本一家一物的消费配比发展为一人一物的状态。原本以"性别、年龄、职业、教育"等划分的"大众"并不一定同属于相同价值观范畴，或意味着具有相同需求。正如藤冈和贺夫的《再见，大众》中对当下"小众的

(a)   (b)

图6-51
亚特兰大的里约购物中心商业景观

阐释"❶，时尚化与多样化的消费社会语境下人们更希望获得符合自我个性的设
计产品。正如帕尔克（PARCO）集团《穿越》杂志对"消费者"概念的阐释：
"消和费构成了这个词语，但人们并非单纯消费，而更多地成为一种创造行为，
为创造个性化的生活方式而消费，是一种创费，消费者是具有创造性力量的存
在。"❷由于消费社会呈现的符号价值体系，人们会对创造的事物予以评价，个
性与时尚的表达能够获取关注与赞同，并象征个人的身份。在品位个性化、发
言权自主化、稳固的经济状况、丰富信息支撑等条件的基础上，随即诞生了个
性化的商业购物环境需求。当代商业景观成为人们创造个性化城市生活的重要
场所，其形态语言的表达更是阐释了当下人们个性的精神诉求。

　　当代商业景观的形态语言除了在视觉审美的层面或在空间功能布局上体现
个性化的精神诉求外，还试图构建当下人们个性、多元的生活追求。玛莎·施
瓦茨的亚特兰大的里约购物中心商业景观呈现的浮动符号载体相互混杂的奇幻
趣味时尚风格（图6-51），拓宽了人们的视野，为人们带来了个性的商业场所
体验，并契合了个性的生活追求，富有想象力和创造性地将历史上出现的形式
呈现于商业景观之中。她在爱尔兰白水购物中心（Whitewater Shopping Center）
商业景观中同样以形态的变化与错综昭示出个性而多元的时代精神诉求，不规
则的斜构造的遮阳棚形态、地面的铺装形态、阳光投射的光影形态构成了多元

---

❶ 藤冈和贺夫.大众再见[M].东正德,译.台北:远流出版事业股份有限公司,1988:20.
❷ 三浦展.第4消费时代[M].北京:东方出版社,2014:36.

(a)   (b)

图6-52
爱尔兰白水购物中心商业景观

(a)   (b)

图6-53
美国Natick Mall室内商业景观

混杂的丰富商业空间（图6-52），带来独特的动态穿行体验，成为当地独树一帜的城市商业场所。施瓦茨位于美国的内蒂克购物中心（Natick Mall）室内商业景观以新奇的绿色碎片材质构成模糊的植物叶片效果，带给人个性的新奇体验（图6-53）。玛莎·施瓦茨作为当下设计界创造性个性诠释的大师级领军人物，她以创造性的当代商业景观设计的语言诠释着时代个性的精神诉求，呈现着消费社会语境下多元的生活追求。她与ASPECT、JERDE、SWA公司等一大批设计实践者以当代的商业景观设计语言表达思想，以创造的精神构建着人们的城市休闲购物生活。

审美标准的泛化

　　消费社会的审美是人们对日常生活以"真、善、美"的审美标准进行改造、提升、创造的过程，时代的审美文本反映着特定时代的审美特征和社会功用。人们生活于当下物质和服务满溢的社会之中，致使人们的生活方式等多层面的联系性关系发生了巨大的变革。人们对商品符号的重视超越了使用价值，即人们希望从商品的符号获取意义的标签。此外，消费社会呈现出凭借影像或记号消费或塑造商品的影像消费特征，因此，商品的消费构建出感性因素和精神意义因素作用下满足个性、欲望、梦想的符号系统。全球化、信息化和经济发展是消费蔓延的基础要素，消费社会的文化成为西方发达国家乃至中国蔓延的局部性症状，于是诱发了审美特征的时代变化。时代社会的文化现实成为美关涉的重要内容，并借助形象符号的主流机制传播，消费也因此更具文化感性。大众传播媒介的发展成为审美观念变化的助力者，动态视觉的图像、色彩、声音符号充斥着人们的日常生活，庸常的消费品被赋予了各种人生意绪。视觉的"真实感"刺激下，人们的审美观念由自律转变为他律，视觉的刺激成为人们消费社会的审美需求。消费方式和审美方式的巨变，引发精英阶层执掌的"文化方向盘"移交至大众的手中，雅的"阳春白雪"和俗的"下里巴人"之间的界限逐渐消解了。原本文化精英掌控的语言媒介承载着予人以真、善、美价值的职责，在时代的变迁下逐渐退场。社会专业化的分工致使当代的审美文化以一种交流、对话、多元的共享形式发展。审美更加民主化，雅俗、年龄、地域、公私的界限随着一元化的意识形态消解了，身份不再对应具体的审美标准，而是审美民主化与大众化的呈现。在更好的经济基础之上，人们的生活、娱乐、审美呈现出多样化与差异性，视觉的图形内容以极具包容性的方式传达着丰富多样的信息。消费社会生活的多样性、传达的丰富性、符号系统的变化性共同构成了泛化的审美标准。

　　当代商业购物场所是消费社会的典型标志。正如让·鲍德里亚向人们描述的商业购物空间的景象，它浓缩了抹平差异的消费社会的一切特点。商品化的形式存在于文化、艺术乃至商业景观之中，它成为消费社会的一部分。审美从高束于玻璃格的自律空间落入尘世，它引发审美惊人的泛化，审美的范围空前拓展。审美泛化的世界里，美不再仅依赖于高尚的艺术，当代商业景观的形态创造同样能够完成，并在日常的审美中呈现。当代商业景观形态语言符号和功能的多元化、生活化和艺术化，阐释了时代审美标准泛化的语义。如同美国科罗拉多州的樱桃溪购物中心商业景观内从典型美式早餐里提取香蕉、面包、鸡蛋、培根元素图像构成的通俗趣味形式，平日生活中的元素以艺术的形式表达出来，夸张的尺度与色彩处理成为人们热衷的商业景观场所。以"购物的艺术"为主题的美国得克萨斯州达拉斯的NorthPark购物中心商业景观中融入大量艺术家作品，有当代美国视觉艺术家贝弗利·珮铂、极简当代艺术家利亚姆·吉利克等。在购物与娱乐休闲等日常生活中人们可以近距离地感受艺术的表达，并且融入个人的再加工。澳大利亚的悉尼达令港城市广场商业街景观成为艺术

的"展厅"，动态更新的前沿艺术或人们的涂鸦画作都能作为艺术创作展示于公众的面前，为人们带来新奇的视觉与文化体验。兼具全球视野和地域特色的成都太古里（Taikoo Li，Chengdu，图6-54）商业景观中融入了海内外艺术家的21件艺术作品，作品来源于人、生活、自然、文化等多主题，多元素艺术凝固定格于城市繁华的商业空间。并且通过向广大人民开展艺术品征集的形式，以泛化的审美标准构建生活中的艺术形式，实现人、艺术、城市的全面融合。

然而，当代商业景观形态语义表达的审美标准泛化带来的结果是复杂的，看似艺术融入了寻常人的生活并消除了艺术、大众、一般生活的距离，但从深层次看并未使一般性的平凡生活和现实功利拥有任何转变，审美精神的高度并未提升。❶相反，随着这种审美标准的泛化，审美自身

图6-54
成都太古里商业景观

❶ 张兴华. 詹姆逊后现代空间理论视野下的当代视觉文化研究[M]. 北京: 北京理工大学出版社，2017: 106.

虚弱了。丧失特征性的普遍的美沦为无意义的存在，全球化的审美化策略失败了。❶文化的转向导致作品的观念成为问题，❷正如当代商业景观由于丧失了美学的标准，审美标准的泛化导致了审丑现象，毫无意义的视觉堆砌只为博人眼球、凸显个性，麻痹了人们对景观环境的体验。当代商业视觉和体验的文化冲击让人们短暂地得到释放，然而，审美标准泛化后浮于表面的形式和深层的空无似乎使人更迷失了。

6.2.3

历史意识的放逐

　　人类身处时间的长河，对历史的观念昭示着一个时代的风尚和意识。物欲满溢的消费社会时代，人们崇尚以符号体现个人品位与身份，通过物质的获得实现精神的满足，人们已无法重置信仰之塔，历史意识随之断裂了。以往理性化叙述的历史文本被一种贯穿的中心信仰所规范与制约，它以权力的中心话语存在，维护着传统的整体秩序性。在意义所指丧失的"内爆"图像仿真的消费社会语境，当代商业景观文本从思想走向了表述，艺术与生活界限的消解以及审美标准的泛化致使传统、历史和延续性模糊了，商业空间景观丧失了整体感和完整感。人们在人为营造的四季如春、舒适惬意、虚拟梦幻的商业空间内沉浸在物质消费和文化颠覆的欢悦中，历史演变为丧失价值深度的平面。

　　消费为主导型结构的当下，"消费"的意义由"物质的使用与消耗"突变为"对符号及其意义的占有"。不论是何种社会时期，物质对人们都具有重要的意义，消费社会的物质已成为人们身份与地位的象征。索尔·贝娄（Saul Bellow）在书中以"漂浮的能指"（the floating signifier）描述消费品，❸符号系统摆脱了客观的真实，能指操纵着不同的代码并构建自己的意义。难以弥合的能指与所指，在时间与空间的双重意义下否定了固定意义和确定意义。而历史借助符号延续，随着时代的发展，符号的观念由历史发展信息的揭露转变为对历史符号意义的怀疑。通过符号的解释与帮助得以进入解释学的领域，个人的理解与加工构建了普遍的历史认知。正如德国哲学家伽达默尔（Hans-Georg

---

❶ 沃尔夫冈·韦尔施. 重构美学 [M]. 陆扬, 张岩冰, 译. 上海：上海译文出版社, 2002: 46.
❷ 弗雷德里克·詹姆逊. 文化转向 [M]. 北京：中国人民大学出版社, 2018: 98.
❸ 索尔·贝娄. 更多的人死于心碎 [M]. 李耀宗, 译. 北京：中国文联出版公司, 1992: 172.

Gadamer）对历史主客统一关系的阐释，主体从现象内寻求生活与世界的符号模式，并借此对当下与未来展开思考。伴随着消费社会时代的价值与追求的嬗变，权威历史神话对人们思想信仰的束缚塌陷了，人们逐渐感受到中心信仰逻辑束缚性和与时代呈现的不一致性，历史传统的整体性与秩序性随即遭到了贬损。基于时代的嬗变，当代城市商业场所作为消费时代语境下人们观念、态度、行为较为典型的显现场所，当代商业景观形态语言的语义表达也呈现了对于历史的意识与态度，它以消解中心、否定等级、丰富多元、新奇趣味、指涉含混的形态语言表达出对于消费社会的迎合和对历史意识的放逐。

在当代商业景观的案例中，不乏完全遗弃历史文化根源的案例，也不乏仅将历史作为商业卖点的例子。大量当代商业景观力求以破碎的、断裂的、变异形态的视觉冲击性与独特性构成商业景观的形式，不考虑深层的意义内涵，在瞬时的视觉刺激与体验中满足人们趣味游戏的需求。例如，位于场地商业区东部的艾尔广场（Eyre Square）商业景观标志物，以锋利破碎的红色造型形成强烈的视觉冲击力（图6-55），但这一大尺度的标志物与地区历史文化并无关联。西班牙马德里的达利广场商业街道景观，活泼无序地摆放着不规则的四边形树池，倾斜的草铺面处理可供人们躺、坐、爬等，错置的形态极具视觉表现力，配以发光二极管（LED）对轮廓的强调更显现出场地的多元与新锐（图6-56）。宁波中央商业区天一广场的景观是对尚未定义的商业个性进行的快速整合，马达思班设计事务所（MADA s.p.a.m）试图构建一个破解广场向心性的形式与空间策略，以多角度的分割线构成方向各异的铺装样式，形成虚拟化的夸张视觉效果和行径体验（图6-57）。不少案例以精心营造的"文化氛围"为突出的独

图6-55
艾尔广场商业景观标志物

图6-56
达利广场商业街道景观

图6-57
宁波中央商业区天一广场商业景观

图6-58
成都龙潭水乡商业步行街建筑及景观

特性，然而局部对历史符号、结构、装饰的照搬与模仿，最终沦为难以与周遭融合的突兀效果，在实际使用中被人们遗忘（图6-58）。

6.2.4
生活方式的多元

全球化的共通与交流颠覆了人们的观念与思维。网络与信息数字技术改变了人们的休闲与生活方式。消费化的感染与弥漫重塑了人们的需求与价值，新型交通的发展极大地改变了人们的出行与生活半径。城市商业场所的营造极大地丰富了人们的城市生活，为消费者营造了丰富多元的生活场景。消费社会语境下，人们一方面享受着物质带来的满足，另一方面又经受着传统伦理与情感联系纽带断裂带来的迷茫。总之，这是一个多元的时代，当代商业景观的营造满足并创造了时代的多元生活需求，它的形态语言语义阐释着当下多元的生活方式。当下多元的价值与生活方式既是一种客观存在，也是现实生活所必需的组成。一方面，正如哈贝马斯所言，当下是介于日益开放和公共化的社会之下的、以公共生活为主导的生活模式，具有更突出的社会公民特征，公共生活区域成为人们的常处领域。另一方面，人们拥有更具个人特征的生活方式、情感诉求、价值取向、生活理念、道德标准等。公共生活是无法挤压侵占个人多样化的目的、价值、情感的。正是基于当代社会语境下私人生活的多元性，当代商业景观形态语言的语义表达不仅要反映时代语境下公共行为的嬗变，还要关注个体的个性诉求。

生活方式在很大程度上可通过消费呈现对待商品或商业环境的"消费"需

求，反映了时代语境下的生活方式。当代商业景观也可被看作消费社会语境下的一种"商品"，它需要满足当下人们的多层面需求。与消费服务密切相关的当代商业景观作为当下商业环境内重要的组成部分，通过特征性的景观形态语言，呈现出多元生活方式的语义表达。西方大量学者论述了生活方式与消费商品间的规律与关系，韦伯阐释了消费分层的距离性和排他性，"我买什么则我们是什么"。经济学家凡勃伦揭示出超越使用价值的象征价值消费本质，它以一种差别性的关系被人们视为一种光荣的消费行为。鲍德里亚将消费对象的实物比喻为一种象征媒介，消费成为一种满足需要的过程。鲍曼认为消费自由取代工作成为世界运转的轴心，多元文化与消费主义极具关联性。❶某种程度上看，当代商业景观语言本身就为城市商业建立了一种外在的标志性符号形象，人们选择的是设计的创意形态与语义表达。主

义与思潮多元并存的时代语境下，当代商业景观形态语言呈现出前所未有的丰富性与自由性特征，创造性的商业景观设计作品为人们带来更多偶然性的视觉冲击与互动体验。这种非强制的自由形态中考虑了更为丰富多样的功能性与使用的灵活性，构建出满足人们多元的使用需求的商业场所景观。多元文化于商业景观中的融合体现出当下生活广泛的包容性。总而言之，当代商业景观形态语言从多层面诠释出时代语境下的多元生活语义表达。

澳大利亚阿德莱德最大的商业购物区蓝道商业中心（Blue Road Shopping Center）景观以其开放的功能布局与区域形态成为当地深受人们欢迎的城市商业休闲区域，其繁荣的活力状况反映出Hassell/ARUP设计团队设计构想的成功（图6-59～图6-62）。设计者去除了原本轴线部分的结构，使购物中心的空间得到更大程度的延伸，增强了空间的开放性，

图6-59
蓝道商业中心商业景观小品

图6-60
蓝道商业中心商业景观休息区

❶ 泽格蒙特·鲍曼. 自由[M]. 杨光，蒋焕新，译. 长春：吉林人民出版社，2005：97.

图6-61
蓝道商业中心商业景观草地剧场

图6-62
蓝道商业中心商业景观俯视图

图6-63
曼哈顿广场商业景观休息座椅

图6-64
曼哈顿广场商业景观绿化与景观平台

营造出灵活多变的都市空间的同时，增强了城市区域内的互动性。整个商业景观重建计划的街具摆放与设计部分顺应了人们自由与随性的需求，以无序的线段与自由块面构成了活泼的商业空间氛围。在功能上更是新颖地设置了露天草地剧场，人们可以在购物之余以各种自己舒适的姿态休憩的同时观看电影，这一多样的功能极大地增加了人们在商业区域停留的时间，并带来经济效益。蓝道商业街景观内还散置着多样形式的艺术装置，差异多元的艺术形式为人们带来不同的视觉与空间体验。

　　位于纽约的曼哈顿广场商业景观成功应对了纽约最繁忙商业街道的挑战，人们需要吃午餐的进餐区域、与朋友们聚会交谈的区域、城市绿化种植的景观区域、观看的舞台、艺术的空间等，多样的生活需求被融合在这一商业景观之中（图6-63～图6-65）。地面绘制的灰色和白色图案对交通空间进行了分隔与

　〰〰〰〰　当代商业景观形态语言

统一，并以切割形构成绿化的部分。这一多元丰富的商业景观完全地融合至人们的多元城市生活之中。上海新天地商业景观以多元文化符号的碰撞与自由的休憩座椅形态诠释了消费时代的多元生活（图6-66～图6-70）。该商业景观围绕商场大门展开，使购物中心入口处成为一个有趣的公共广场，既可供人休息，又可以构成与四周空间的联系与过渡。多元拼贴与碰撞的元素符号成为极具视觉表现力的商业空间焦点。

承载公共生活的当代商业景观形态以其错综、开放、多元的形态特征，映射出人们的时代生活状况并昭示出全新的时代精神。当代商业景观已从依附于商业建筑存在的无关紧要的角色，转变为人们城市多元生活的构建者与呈现者。作为消费社会"同谋者"的当代商业景观，一方面从利益方的角度促使人们产生更多消费行为，发挥其触媒效应，另一方面也以一种动态的方式与城市的人们进行着时代多元生活需求的对话。

图6-65
曼哈顿广场商业景观

图6-67
上海新天地商业景观休息座椅

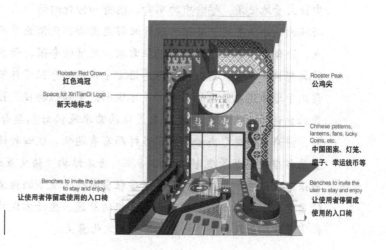

图6-66
上海新天地商业景观

图6-68
上海新天地商业景观俯视图

图6-69
上海新天地商业景观座椅

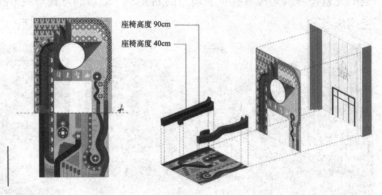

座椅高度 90cm

座椅高度 40cm

图6-70
上海新天地商业景观
座椅设计图

本章小结

当代商业景观形态语言的修辞手法可极大地增强传情达意的效力，使设计语言更为生动。譬喻、夸张、引用、错综的修辞手法在当代商业景观形态语言中被大量地使用，譬喻中的明喻、隐喻和借喻的运用表达了当代商业景观深层而模糊的语义表达。夸张的设计修辞运用为当代商业景观创造了兴奋点与记忆点，迎合了消费社会的场所特征需求，尺度的夸张、形态组合的夸张、反常规的构想构成了当代商业景观形态语言中常用的夸张修辞策略。引用的修辞手段常用于增强商业景观的感染力或体现思想主题性特征。错综修辞手法与当下消费社会语境下人们对当代商业景观的需求及偏好相契合，广泛地涉及错综修辞，使商业景观形态语言内容多样而富有趣味。这四种设计案例中常用的修辞手法与当代商业景观形态语汇特征、语法结构、语义表达形成了紧密的关联，与语汇、语法一起共同构成了消费社会时代语境下的语义内涵表达。精神诉求的质变、审美标准的泛化、历史意识的放逐、生活方式的多元揭示出设计形态语言背后所承载的深层社会、历史和文化意义。

第 7 章

中国当代商业景观
设计的回溯与展望

当下，我国城市商业空间是人们休闲、购物、娱乐、社交的重要场所，是消费社会的"同谋者"，其环境形态的呈现与社会的多重特征息息相关。中国当代商业景观形态语言是时代审美、需求、文化等的综合呈现者。对个人而言，它营造了人们日常城市休闲活动的舒适场所；对于商业企业而言，它塑造了企业的形象与实力；对于城市而言，它为城市带来了活力，促进了城市发展。面对全球化、信息化的网络购物冲击，我国实体商业景观形式如何推陈出新地保持活力？如何能在城市商业空间的景观营造中实现活态的民族文化的自信？如何能以本土化的设计思维处理我国当下城市、环境、社会、市场的关系？如何能以当代商业景观设计形态语言指引人们远离消费社会价值观的困境，对人们的生活起到积极的作用？这些都是中国当代商业景观设计思想与创作实践亟待寻求的研究探索。

中国商业景观溯源

中国的初始商业形态与西方基本一致，在"市"的格局基础上发展为传统商业街形式，形成点到轴的线状形态格局，满足了中国传统商业经济发展的需要。追溯中国古代的商业历史（表7-1），此阶段并未形成本书研究意义上的商业景观，但较早地出现了商品交换的集市。早在"神农氏"时期便出现了商品交换活动，《易·系辞下》[1]中记有"神农氏……日中为市，致天下之民，聚天下之货，交易而退，各得其所。"北宋司马光的《稽古录》[2]、南宋罗泌的《路史》[3]、西汉司马迁的《史记·货殖列传》等都有关于商品交换的记载。兴盛的朝代通常拥有繁荣的商业，[4]社会生产力的发展、社会分工的扩大及商品交换数量与交换区域范围的增长，催生了专业化的商人角色。城市空间结构以九经九纬、前朝后市为标准。北宋仁宗时期之前的商业形态都遵循"周礼"所记录的古典"市"制。北宋仁宗时期开始发展为临街布置商业，出现了行业街市、灯市和庙市等丰富的商业形态。因此，中国农业社会的商业空间形态发展可以依次划分为两个阶段：萌芽阶段与衍生阶段。

萌芽阶段的商业形态首先产生于"邑"内。商代私有制的兴起产生了保护贵族财产为目的的原始城市，它并非近代意义的商业城市。为了居住于城内的贵族方便交易，因此商业市场逐渐转移至"邑"，形成为统治阶级服务的原始商业形态。随着商业的发展，贵族盘踞的邑的属性发生了变化，发展为政治、经济和文化的中心区域。汉代的城

---

[1] 《易传》是一部战国时期解说和发挥《易经》的论文集，其学说本于孔子，具体成于孔子后学之手。

[2] 《稽古录》是北宋司马光所撰写的一部历史读本，书中于远古事但述梗概，至周共和元年(前841)始为编年，每年略举大事。

[3] 《路史》47卷，南宋罗泌撰，此书为杂史。路史，即大史之意，记述了上古以来有关历史、地理、风俗、民族等方面的传说和史事，取材繁博庞杂。

[4] 《两都赋》是东汉文学家、史学家班固创作的大赋，由《西都赋》和《东都赋》构成。都是由假想人物来表达建都长安及洛阳的优越性。

表7-1　中国商业景观形态溯源

时间	代表	形态特点
商—春秋 约公元前 1600—公元前 476年	商业市场逐渐转移至高墙围起的邑内院	沿袭"周礼"所载的"市"制度。由官方控制，定时开闭，仅具有商品交换的功能
汉 公元前206— 公元220年	 宁城图	城市中划分了特定的商业活动区域，被称作"市"，规模随商业活动的扩大逐渐走向统一，都沿汉代城市中光门横桥大道两侧分布。汉代"市"的规模进一步扩大
隋唐 581—907年	 长安城	隋唐时期，"坊"（生活区）和"市"（商业区）分开设置，四周以围墙阻隔，限时开放。里坊制达到顶峰，《宋长安志》记载："四方围墙，一面设二门，四面各设八门"
宋 960—1279年	 清明上河图	宋代"坊"和"市"的界限已经消解，形成了居民区和商业区的融合，商业建筑遍布城市街肆

时间	代表	形态特点
元 1206—1368年	 **元朝街市图**	元代时期，由于手工业分工的细致化，商业按照米市、面市、缎子市、皮帽市、鹅鸭市等同业态商业街分类聚集分布于城内不同的方位
明 1368—1644年	 **龙华寺庙会**	综合性的灯市和庙市成为明代的商业中心，是中国古代具有特色的商业形态
清 1616—1911年	 **盛世滋生图** **东安市场**	英、美、法等国建造的西式风格建筑群中的"十里洋场"，成为吃喝玩乐时尚潮流鼎盛的商业形态代表

时间	代表	形态特点
1912—1949年前	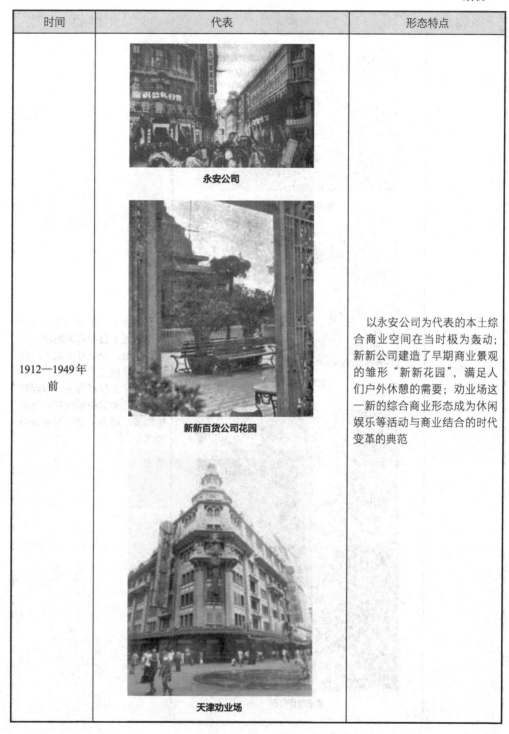 永安公司 新新百货公司花园 天津劝业场	以永安公司为代表的本土综合商业空间在当时极为轰动；新新公司建造了早期商业景观的雏形"新新花园"，满足人们户外休憩的需要；劝业场这一新的综合商业形态成为休闲娱乐等活动与商业结合的时代变革的典范

时间	代表	形态特点
新中国成立初期	北京燕莎友谊中心 北京华威大厦 南京路步行街	新中国成立伊始的商业空间形态还处于自我探索阶段。北京、上海、深圳等大城市的商业中心发展较为超前，整体形态以抽象几何形为主，规则的草地、几何的树池阵列、空旷的铺装广场为主要的商业景观形式

市中划分了特定的商业活动区域，被称作"市"，规模随商业活动的扩大逐渐走向统一，都沿汉代城市中光门横桥大道两侧分布。班固的《两都赋》记载了商业形态按照行列秩序鳞次栉比的摆摊状况。隋唐时期，"坊"（生活区）和"市"（商业区）分开设置，四周以围墙阻隔，限时开放。稳定的国内局面与繁荣的农业生产，在此基础上产生了前店后厂的商业形式。唐朝成为里坊制的巅峰时期，"市"制度也发展得较为完整，呈井字交叉且分行肆布置，以邺城和长安城为典范。但它的建立是以统治者的管理需求为基础，违背了百姓的使用需求。

衍生阶段始于北宋。宋代"坊"和"市"的界限已经消解，形成了居民区和商业区的融合，商业建筑遍布城市街肆，城市的发展也更趋于成熟。隋唐时期由于受古典市制的严格控制，坊中的商业入口禁止朝大街开放。至北宋仁宗时，受人流经济效益的因素影响，店铺入口已设置于面向大街的最优朝向。画家张择端的画作《清明上河图》就描绘了商贾交易的商业街繁华风貌。元代时期，由于手工业分工的细致化，商业按照米市、面市、缎子市、皮帽市、鹅鸭市等同业态商业街分类聚集分布于城内不同的方位。明代的商业对资本主义萌芽的发端具有重要作用，综合性的灯市和庙市成为当时的商业中心。这是中国古代具有特色的商业形态，也是后面发展综合商业形态的萌芽基础。经济的发展和百姓精神需求的提升，促使商业空间呈现综合性发展的繁荣景象。

中国近现代的商业形态发展依托商业建筑形式的脉络。以新中国成立为分界，可分为新中国成立前的外发次生阶段和新中国的自发自生阶段。20世纪20年代左右，银行相关的商业业务涌入传统的市场体系。铁路的出现作为交通要素对商业的发展具有重大推动力。小农经济逐渐瓦解的现状以及"洋火""洋灯""洋油"等舶来品的进入，加之银行、运输业的发展，产生了对资本主义萌芽期的中国商业形态的影响。1843年上海开埠，英、美、法等国建造的西式风格建筑群中的"十里洋场"❶成为吃喝玩乐时尚潮流的鼎盛商业形态代表。百货商店的商业形态模式于"十里洋场"第一次被引入中国，福利公司（Hall & Haltz）、惠罗公司（Whiteawag, Laidlaw & Co. Ltd.）、汇司公司（Weeks & Co. Ltd）、泰兴公司（今连卡佛）（Lane, Grawford & Co.Ltd）被称为"老四大公司"，逐渐由只为洋人开放转向为中国上层服务。本土消费者群体的壮大，推动了本土综合商业空间的发展。以永安公司（Wing On）为代表的"建筑既极精良，楼阁则九层云涌"的景象在当时极为轰动。当时的新新公司（Sun Sun）建造了早期商业景观的雏形"新新花园"，满足人们对户外休憩功能的

---

❶ 洋人聚集的租界被称作"洋场"，那里充斥着舶来品。随着道路日趋开阔、人流日趋密集、商业日趋繁荣，上海的"十里洋场"成了当时商业鼎盛发展的代表。

需要，还在户外景观场所内开展了"猜谜得奖"等文化活动。日本学者菊池敏夫描述当时的中国商业景象与同时期的欧美、日本商业形态相比，娱乐与文化功能的拓展极为丰富。●由传统商业街演变而成的劝业场这一新的综合商业形态成为休闲娱乐等活动与商业结合的时代变革的典范。这一当时天津商业的标志性代表，被誉为"城中之城，市中之市"，奠定了后续现代格局的繁华基础。

新中国成立后的内发自生阶段，其间经历了不同商业体制的发展阶段：新中国成立初期至20世纪70年代末集中控制的计划商业体制；80年代初到90年代初的计划与市场的结合体制；90年代至今的市场经济体制。新中国成立伊始的商业空间形态还处于自我探索阶段，北京、上海、深圳等大城市的商业中心发展较为超前。其中，华威大厦、燕莎商城、南京路步行街等具有时期代表性。这一阶段建筑旁空地的商业景观多为规整的几何结构形式布局，搭配满铺硬质铺装的入口广场。

● 菊池敏夫. 近代上海的百货公司与都市文化 [M]. 上海：上海人民出版社, 2012: 107.

齐美尔曾经说过："城市不是一个具有社会学后果的空间实体，而是一个于空间上形成的社会学实体。"❶城市绝不是社会进程的一个中立容器，城市的创造与改造不断地与各种各样的城市进程相联系，而城市的特征正是产生于社会的进程中。与此同时，这些突出的特征以独特的方式调解或影响着特定的社会进程，这正是消费社会与城市商业景观形态语言结合研究的意义所在，也阐释出消费社会语境下对中国当代商业景观发展思考的重要性。当下消费贯穿于我国民众的日常生活，也成为中国当代商业景观设计创作思考的重要元素之一，中国当代商业景观既应能为人们营造愉悦的商业购物环境，促进商业的发展，更应结合我国的地域文化与特色，抵制麻木的消费主义跟风，面对西方强势文化，通过设计实现民族文化自信，促进人们精神上的积极发展。结合消费社会的时代语境特征和当代商业景观的语汇、语法、修辞和语义表达，中国当代商业景观的发展可以从六个方面把握时代发展的机遇并应对全新大环境的挑战。

第一，当代中国商业景观的营造首先应处理好全球化与地域化的关系，倡导中国地域化的历史文化在吐故纳新与优化的基础上与全球化的市场消费环境需求融合，共同成为中国当代商业景观创作的源泉，成为可观、可玩、可感、可忆的"空间消费品"。中国国内商业购物环境的品质设计关注与营造、视觉消费与体验消费的增长、历史文化内涵的活态融合、都市旅游的发展等能够共同促进中国从自然资源消耗的使用意义的空间中的消费向更广泛意义上的环境友好型的有效空间消费发展，并为推进中国文化自信发挥积极作用。

第二，充分遵循消费社会事物界限消解的日常生活审美化趋势，实现中国商业景观设计与多学科、多领域、多视角的融合。避免消费社会引发的低俗市场化商业景观的

---

❶ 咸伯清. 格奥尔格·齐美尔现代性的诊断[M]. 杭州：杭州大学出版社，1999：81.

产生，实现构成城市购物环境营造的中国当代商业景观设计与时尚事物、艺术、历史、文化、科技、生态等的融合，以更为多元化的开放视野展开中国当代商业景观的设计实践活动。

第三，充分遵循消费社会日常行为求"新"化趋势，在商业景观设计建造中融入新工艺、新材料、新技术，在设计中融入新潮流，并将消费社会信息化的数字技术运用于当代商业景观影像视觉、体验、氛围的营造中，丰富人们的城市休闲娱乐体验。

第四，充分遵循消费社会由物质消费向精神、文化、体验消费的趋势，在中国当代商业景观营造过程中注重实现对人们心灵、思想、情感和体验积极的导向作用，使商业景观设计构思由从以往形式与功能为出发点，转变为更加注重当代商业景观氛围、商业景观体验、商业景观深度，在商业景观构建中避免消费社会空洞符号化追求的消极影响。

第五，将关注公众利益的公众参与式景观设计方法融入中国当代商业景观设计实践中。商业景观本身属性决定了设计成果与公众之间紧密的利益关联性，公众参与的设计实践过程能促进前文提到的第一点，突出地域身份特征的同时增强地域凝聚力。在公众参与式的设计过程中挖掘出潜在的使用需求，增添空间用途的多样性，增加商业景观空间的使用率。公众集结智慧产生的设计成果建成后往往具有更好的发展与使用满意度。因此，在消费时代的中国当代商业景观的设计过程中融入富有创造力的大众消费者力量，值得我们思考与尝试。

第六，关注中国的城市自然生态环境与当代城市商业景观的关系，构建富有活态的城市商业景观，做到顺应环境、降低后期维护成本与能源消耗。能否尝试在设计中增添能源循环与收集的内容，这种功能性的景观装置也能成为技术时代引人瞩目的商业景观形式，并通过商业区室外微气候的营造增添购物环境的舒适性，构成生态自然、商业消费、人的和谐关系。

大量中国当代商业景观实践呈现出消费时代的形态语言特征，并在实践中探寻上文阐释的时代发展方向。中国当代商业景观设计的研究属性是以环境、社会、市场、消费为动态连接的设计实践探索过程，消费社会语境下给予中国当代商业景观多层面的时代机遇与启发，需与商业设计实践构成完整的研究回路。这里在理论研究的基础上结合荆门龙泉郢道商业街规划与景观设计的实践案例，试图寻求本书研究内容与实践的结合。该案地处荆门龙泉书院片区，位于象山风景区东麓，既有天然的四眼清澈泉水，也有古人精心构建的书院文化，而且还毗邻城市中心片区，此地块的建设与发展承载着荆门人民的共同时代愿景——"梦想荆门,重拾辉煌"。龙泉书院片区规划与设计总项目以五个子项目展开,即"龙泉书院"——楚地书院文化的介子、"龙泉郢道"——城市休闲娱乐生活的聚集地、"宜生苑"——医养结合的典范、"时尚城"——当代年轻人的购物天堂、当代大众艺术的中心及艺术激发人类生活的样板。此处的设计实践研究则以"龙泉郢道"为对象,探寻此类具有优美自然条件和深厚文化底蕴的中国当代城市商业景观在新的时代语境下的发展未来(图7-1、图7-2)。

一座城市,须拥有一块能吸纳广大民众日常购物、休闲、娱乐的功能性场地,能聚集人气并增添城市活力,以地域化的活态商业购物空间营造构成城市名片。上海新天地、北京三里屯、佛山"岭南天地"、成都"宽窄巷子""太古里"、武汉"汉口里"等都是成功的活态城市商业景观案例。这些成功的城市商业建筑与景观不仅为人们营造了丰富的娱乐、购物、休闲场所,推动了当地第三产业的发展,更是在全球化语境下为中国民族文化的传承与自信起到积极作用。因此,地块的南部规划展开了龙泉书院片区规划与设计总项目的子项目——"龙泉郢道"这一融合了当代设计形态语言特征及历史文化和城市购物、娱乐、休闲功能的城市名片塑造(图7-3)。该商业街道的建筑与景观除了购物、休闲、娱乐的内容外,还在商业街的露天景观内融入了体现楚地民俗风情的民俗街内容,与商业建筑空间功能不同,该景观空间主要承载了当地非物质文化遗产的展示、售卖以及节假日的民俗表演活动的功能,并且在商业景观的营造中融入了数字山水、数码人物等新的数字技术景观形式(图7-4)。本案将"龙头"所在地设置为集散广场,广场中央矗立的二十余米的高塔成为整个商业区域的制高点和标志物,营造出富有精神与空间凝聚

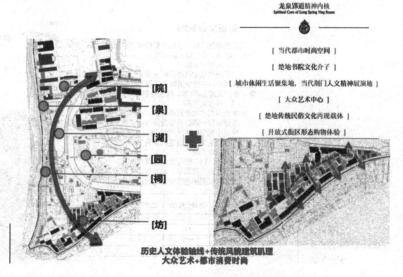

图7-1
龙泉郢道城市商业规划与
商业景观精神内核

龙泉郢道精神内核
Spiritual Core of Long Spring Ying Route

[当代都市时尚空间]
[楚地书院文化介子]
[城市休闲生活聚集地,当代荆门人文精神展演地]
[大众艺术中心]
[楚地传统民俗文化再现载体]
[开放式街区形态购物体验]

历史人文体验轴线+传统风貌建筑肌理
大众艺术+都市消费时尚

策略一　效率提升
增加规划区内部支路，提升片区可达性，优化公交流线及停车设施，缓解交通压力

策略二　功能置换
体育场所处交通拥堵，人流密集，商业氛围浓厚，将其功能置换为现代都市时尚购物街区；团结街片区延续传统建筑风貌肌理，建设特色开放购物街区

策略三　活力增强
打开龙泉公园，移除大型游乐设施，增加露天剧场等公众交流空间；提升竹皮河水位，增强滨水岸线活力，优化慢行系统设置，加强片区与周边联系

策略四　内涵充实
开放龙泉书院，营造历史氛围，建设现代阅览室，新建大众艺术中心，增添现代文化艺术气息，提升片区内涵

道路交通现状分析

规划区北、东、南侧均为城市道路，其中东侧象山大道红线宽度50米、北部海慧路红线宽35米，均为城市主干路，外部交通便捷。

规划区内现在道路仅有中天街，宽20米，为尽端路。其余均为巷道，路面宽3～5米，也大多为尽端路，内部交通不畅。

规划区有5处停车场，均为地面停车场，面积较小，现已无法满足需求，南部团结街片区人口密集，无公共停车场，停车位不足问题十分突出。

外部主干路较健全，规划区内部支路零散不通畅，交通可达性较差，停车空间不足。

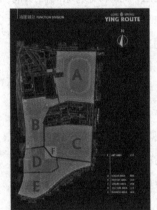

交通现状分析图

道路交通规划

本次规划区城市道路系统由城市主干路、城市次干路和　城市支路三级道路构成。
（1）城市主干路
主干路是规划区路网的主骨架，承担规划区内部及规划区对外的主要交通联系。规划区规划的主干路有两条，象山大道宽50米，海慧路宽35米。
（2）城市次干路
本次规划的次干路有三条。
新建海慧一路连接海慧路与中天街，红线宽度16米；保留中天街，红线宽20米；
改造团结街，红线宽控制为20米。
（3）城市支路
连接沿河路与陵园路，道路宽9米；
规划支路连接海慧一路与象山大道，宽度为9米；
支路可根据用地需要在建设过程中适当增加。

道路名称	道路长度/m	红线宽度/m	路网密度/(km/km²)
主干路	556	35～50	1.73
次干路	797	14～20	2.48
支路	727	5～6	2.26
合计	2080	—	6.47

图7-2
龙泉郢道现状分析及
设计策略

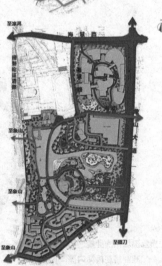

图7-3
探寻国际语言与本土语言融合的龙泉郢道商业景观

图7-4
龙泉郢道商业景观中信息数字化技术的运用

图7-5
历史元素与龙泉郢道商业景观的融合

力的民众活动场所。此外,竹皮河的滨水商业景观空间营造了供人们露天餐饮的休憩区域。从商业空间的形态布局上看,它打破传统单一"一字街"形态,设立了多巷道的复合空间,旨在营造丰富的步行动态空间体验。通过对场所景观阅读氛围的营造和读书文化园的设计,实现时代语境下书院文化的传承与发展,充盈消费时代人们的精神世界(图7-5)。大众文化和艺术元素的融入也为商业空间开启了更为多元化的开放视野(图7-6)。龙泉郢道商业景观设计实践成为时代语境下中国当代商业景观发展研究的完整回路,体现了在具体设计中的践行意义。只有做到顺应

AGGREGATION OF
LEISURE LIFE

YING ROUTE

ART CENTRE OF
THE PUBLIC
大众艺术中心

城市设计总平面

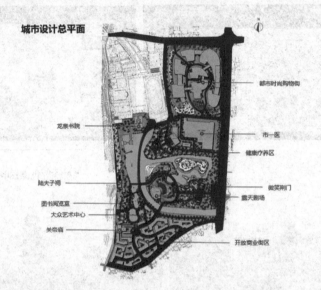

都市时尚购物街

龙泉书院

市一医

健康疗养区

陆夫子祠

微笑荆门

图书阅览室

露天剧场

大众艺术中心

关帝庙

开放商业街区

VECTOR OF
FOLK CULTURES

OPEN BLOCK
SHOPPING EXPERIENCE

图7-6

龙泉郢道、龙泉书院、大众艺术中心等五大区

消费社会趋势、把握消费社会特征、摒弃消费社会弊端的中国当代商业景观发展，才能更好地为我国人民营造蕴含中国文化特色的活态购物、休闲、娱乐空间，打破地域化缺失的中国当代商业景观设计在全球失语的状况，实现民族文化的自信。

本章小结

信息数字化的发展颠覆了人们传统的视觉经验，波普化艺术、奇幻照明、活动影像等成为中国当代商业景观的影像化新潮流。正如社会学家柯林·坎贝尔对消费时代人们"求新"（新创造的、新改进的、新奇的）化心理行为特征的阐释。种种发展状况的背后揭示出中国当代商业景观所面临的时代机遇与挑战。如何结合中国当代商业景观在西方商业景观发展中作出因地制宜的改造以协调全球化与地域化的关系，如何实现商业景观设计与多学科、多领域、多视角的融合，如何更好地借力于信息技术、新材料、新工艺等以带来全新的视觉、体验、氛围等，成为时代语境下我国当代商业景观的发展新启发。其中借"龙泉郢道"商业景观设计案例实现了理论研究与设计实践的综合阐释。消费社会语境下当代商业景观形态语言的框架并非试图构建一种普适性的形态范式，而是旨在寻求时代特征、审美诉求、文化精神等与形态语言的深度关联性，以一种开阔的、动态的、发展的视野看待中国当代商业景观的未来方向。

参考文献

一、中文文献

（1）中文著作

[1] 让·鲍德里亚. 消费社会[M]. 刘成富, 全志钢, 译. 南京: 南京大学出版社, 2001.

[2] 迈克·费瑟斯通. 消费文化与后现代主义[M]. 刘精明, 译. 南京: 译林出版社, 2000.

[3] 亨利·列斐伏尔. 日常生活批判[M]. 叶齐茂, 倪晓晖, 译. 北京: 社会科学文献出版社, 2018.

[4] 凡勃伦. 有闲阶级论[M]. 甘平, 译. 武汉: 武汉大学出版社, 2014.

[5] 齐奥尔格·西美尔. 时尚的哲学[M]. 费勇, 译. 广州: 花城出版社, 2017.

[6] 桑巴特. 奢侈与资本主义[M]. 燕平, 侯小河, 译. 上海: 上海人民出版社, 2005.

[7] 大卫·理斯曼. 孤独的人群[M]. 王昆, 朱虹, 译. 南京: 南京大学出版社, 2002.

[8] 罗兰·巴特. 神话大众文化诠释[M]. 许蔷蔷, 许绮玲, 译. 上海: 上海人民出版社, 1999.

[9] 居伊·德波. 景观社会[M]. 张新木, 译. 南京: 南京大学出版社, 2017.

[10] 加耳布雷思. 丰裕社会[M]. 徐世平, 译. 上海: 上海人民出版社, 1965.

[11] 丹尼尔·贝尔. 后工业社会[M]. 彭强, 译. 北京: 科学普及出版社, 1985.

[12] W. W. 罗斯托经济增长的阶段: 非共产党宣言[M]. 郭熙保, 王松茂, 译. 北京: 中国社会科学出版社, 2001.

[13] Jacob L. Mey. 语用学引论英文版[M]. 徐盛桓, 译. 北京: 外语教学与研究出版社, 2001.

[14] 理查德·加纳罗,特尔玛·阿特修勒. 艺术:让人成为人[M]. 舒予,译. 北京:北京大学出版社,2007.

[15] 莫里斯·德·索斯马兹. 视觉形态设计基础[M]. 莫天伟,译. 上海:上海人民美术出版社,2003.

[16] 伊顿. 设计与形态[M]. 朱国勤,译. 上海:上海人民美术出版社,1992.

[17] 森特诺,科恩. 全球资本主义[M]. 郑方,徐菲,译. 北京:中国青年出版社,2013.

[18] 赫伯特·马歇尔·麦克卢汉. 理解媒介:论人的延伸[M]. 何道宽,译. 北京:商务印书馆,2000.

[19] 罗伯逊,肖尔特. 全球化百科全书[M]. 南京:译林出版社,2011.

[20] 丹尼尔·贝尔,高铦,王宏周. 后工业社会的来临[M]. 魏章玲,译. 南昌:江西人民出版社,2018.

[21] 阿尔文·托夫勒. 第三次浪潮[M]. 朱志焱,译. 北京:新华出版社,1996.

[22] 马克·波斯特. 第二媒介时代[M]. 范静哗,译. 南京:南京大学出版社,2001.

[23] 曼纽尔·卡斯泰尔. 信息化城市[M]. 崔保国,译. 南京:江苏人民出版社,2001.

[24] 米切尔. 我++:电子自我和互联城市[M]. 刘小虎,等译. 北京:中国建筑工业出版社,2006.

[25] 马歇尔·麦克卢汉. 媒介即按摩:麦克卢汉媒介效应一览[M]. 何道宽,译. 北京:机械工业出版社,2016.

[26] 弗兰克·凯尔奇. 信息媒体革命:它如何改变着我们的世界[M]. 沈泽华,顾春玲,张弛,等译. 上海:上海译文出版社,1998.

[27] 阿尔温·托夫勒,海蒂·托夫勒. 创造一个新的文明:第三次浪潮的政治[M]. 陈峰,译. 上海:三联书店上海分店,1996.

[28] 麦克德莫特. 设计:核心概念[M]. 王露,译. 北京:清华大学出版社,2014.

[29] 齐格蒙特·鲍曼. 全球化:人类的后果[M]. 郭国良,徐建华,译. 北京:商务印书馆,2013.

[30] 詹克斯. 后现代建筑语言[M]. 李大夏,译. 北京:中国建筑工业出版社,1986.

[31] 弗雷德里克·詹姆逊. 时间的种子[M]. 王逢振,译. 南京:江苏

教育出版社, 2006.

[32] 鲍威尔. 图解后现代主义 [M]. 章辉, 译. 重庆: 重庆大学出版社, 2015.

[33] 舒尔茨. 商场规划与设计 [M]. 常文心, 译. 沈阳: 辽宁科学技术出版社, 2014.

[34] 戈列奇, 斯廷森. 空间行为的地理学 [M]. 柴彦威, 译. 北京: 商务印书馆, 2013.

[35] 尼尔·里奇, 袁烽. 建筑数字化编程 [M]. 上海: 同济大学出版社, 2012.

[36] 杰姆逊. 后现代主义与文化理论 [M]. 唐小兵, 译. 北京: 北京大学出版社, 1997.

[37] 安东尼·吉登斯. 现代性的后果 [M]. 田禾, 译. 南京: 译林出版社, 2000.

[38] 鲍德里亚. 象征交换与死亡 [M]. 车槿山, 译. 南京: 译林出版社, 2012.

[39] 瓦西里·康定斯基. 点线面 [M]. 余敏玲, 译. 重庆: 重庆大学出版社, 2017.

[40] 俞孔坚. 景观: 文化、生态与感知 [M]. 北京: 科学出版社, 1998.

[41] 刘谯, 刘滨谊. 景观形态思维与设计方法研究 [M]. 上海: 同济大学出版社, 2018.

[42] 王向荣, 林箐. 西方现代景观设计的理论与实践 [M]. 北京: 中国建筑工业出版社, 2014.

[43] 杨展览, 李希圣, 黄伟雄. 地理学大辞典 [M]. 合肥: 安徽人民出版社, 1992.

[44] 袁宝华, 翟泰丰. 中国改革大辞典: 公元前21世纪—1992年5月 [M]. 海口: 海南出版社, 1992.

[45] 叶强. 聚集与扩散大型综合购物中心与城市空间结构的演变 [M]. 长沙: 湖南大学出版社, 2007.

[46] 李雷立. 基于城市设计观点的步行商业街系统分析与实证研究 [M]. 长春: 吉林科学技术出版社, 2012.

[47] 中国社会科学院语言研究所词典编辑室. 现代汉语词典 [M]. 北京: 商务印书馆, 1978.

[48] 李新家. 消费经济学 [M]. 广州: 广东人民出版社, 1995.

[49] 杨向荣, 谭善明, 李健. 西方美学与艺术 [M]. 南京: 南京大学出

版社, 2013.

[50] 瓦尔特·本雅明. 机械复制时代的艺术作品 [M]. 王才勇, 译. 北京: 中国城市出版社, 2002.

[51] 阿多诺. 美学理论 [M]. 王柯平, 译. 成都: 四川人民出版社, 1998.

[52] 宫崎市定. 宫崎市定中国史 [M]. 焦堃, 瞿柘如, 译. 杭州: 浙江人民出版社, 2015.

[53] 菊池敏夫. 近代上海的百货公司与都市文化 [M]. 陈祖恩, 译. 上海: 上海人民出版社, 2012.

[54] 王孝通. 中国商业史 [M]. 北京: 商务印书馆, 1998.

[55] 李浚源, 任乃文. 中国商业史 [M]. 北京: 中央广播电视大学出版社, 1985.

[56] 邓庆坦, 邓庆尧. 当代建筑思潮与流派 [M]. 武汉: 华中科技大学出版社, 2010.

[57] 米歇尔·福柯. 疯癫与文明: 理性时代的疯癫史 [M]. 刘北成, 杨远婴, 译. 北京: 生活·读书·新知三联书店, 2013.

[58] 陈永国. 游牧思想: 吉尔·德勒兹、费利克斯·瓜塔里读本 [M]. 长春: 吉林人民出版社, 2003.

[59] 万书元. 当代西方建筑美学 [M]. 南京: 东南大学出版社, 2001.

[60] 威廉·J. 米切尔. 比特之城: 空间·场所·信息高速公路 [M]. 范海燕, 胡泳, 译. 北京: 生活·读书·新知三联书店, 1999.

[61] 安德里娅·格莱尼哲, 格奥尔格·瓦赫里奥提斯. 建筑编码操作与叙述之间 [M]. 武汉: 华中科技大学出版社, 2014.

[62] 任军. 当代建筑的科学之维: 科学观下的建筑形态研究 [M]. 南京: 东南大学出版社, 2009.

[63] 成玉宁, 杨锐主. 数字景观: 中国首届数字景观国际论坛 [M]. 南京: 东南大学出版社, 2013.

[64] 韩凝玉, 张哲. 传播学视阈下城市景观设计的传播管理 [M]. 南京: 东南大学出版社, 2015.

[65] 费菁. 媒体时代的建筑与艺术 [M]. 北京: 中国建筑工业出版社, 1999.

[66] 维特鲁维. 建筑十书 [M]. 高履泰, 译. 北京: 中国建筑工业出版社, 1986.

[67] 邹德侬. 中国现代建筑论集 [M]. 北京: 机械工业出版社, 2003.

[68] 沈克宁. 美国南加州圣莫尼卡建筑设计实践 [M]. 重庆: 重庆出版社, 2001.

[69] 海德格尔. 人, 诗意地安居: 海德格尔语要 [M]. 郜元宝, 译. 桂林: 广西师范大学出版社, 2000.

[70] 勃罗德彭特. 符号·象征与建筑 [M]. 乐民成, 译. 北京: 中国建筑工业出版社, 1991.

[71] 凯文·林奇. 城市意象 [M]. 方益萍, 何晓军, 译. 北京: 华夏出版社, 2001.

[72] 张建华, 瞿宙主. 商业景观研究·集论 [M]. 上海: 上海交通大学出版社, 2014.

[73] 吴翔. 设计形态学 [M]. 重庆: 重庆大学出版社, 2008.

[74] 陈慎任. 设计形态语义学: 艺术形态语义 [M]. 北京: 化学工业出版社, 2005.

[75] 林华. 设计艺术形态学 [M]. 石家庄: 河北美术出版社, 1997.

[76] 葛本仪. 语言学概论 [M]. 济南: 山东大学出版社, 2000.

[77] 支林. 设计概论 [M]. 上海: 上海人民美术出版社, 2007.

[78] 苏毅. 自然形态的城市设计: 基于数字技术的前瞻性方法 [M]. 南京: 东南大学出版社, 2015.

[79] 于炜, 程建新. 设计前瞻: 生态异化、形态演化与设计进化 [M]. 上海: 华东理工大学出版社, 2009.

[80] 朱曦, 夏寸草. 设计形态 [M]. 北京: 中国建筑工业出版社, 2009.

[81] 胥瓦尼. 都市设计程序 [M]. 谢庆达, 译. 台北: 创兴出版社有限公司, 1991.

[82] 周武忠. 基于多元角度的城市景观研究 [M]. 南京: 东南大学出版社, 2010.

[83] 简·雅各布斯. 美国大城市的死与生 [M]. 金衡山, 译. 南京: 译林出版社, 2005.

[84] 董龙凯. 语法与修辞 [M]. 上海: 上海教育出版社, 2015.

[85] 徐守珩. 当代建筑先锋之策异质共生 [M]. 北京: 机械工业出版社, 2016.

[86] 汪小玲. 弗兰克·奥哈拉城市诗学研究 [M]. 上海: 上海外语教育出版社, 2016.

[87] 李瑞君, 梁瑛. 景观铺装设计 [M]. 武汉: 华中科技大学出版社, 2011.

[88] 李志民, 宋岭主. 无障碍建筑环境设计[M]. 武汉: 华中科技大学出版社, 2011.

[89] 范榕. 景观空间视觉吸引机制与评价[M]. 上海: 同济大学出版社, 2016.

[90] 刘古岷. 21世纪新建筑范例2000—2015[M]. 南京: 东南大学出版社, 2016.

[91] 伊·普里戈金, 伊·斯唐热. 从混沌到有序: 人与自然的新对话[M]. 曾庆宏, 沈小峰, 译. 上海: 上海译文出版社, 2005.

[92] 吉尔·德勒兹. 福柯褶子[M]. 于奇智, 杨洁, 译. 长沙: 湖南文艺出版社, 2001.

[93] HKASP. 商业景观[M]. 南京: 江苏科学技术出版社, 2013.

[94] 朱立元. 美学大辞典修订本[M]. 上海: 上海辞书出版社, 2014.

[95] 徐洁. 城市繁荣与商业空间演变[M]. 上海: 同济大学出版社, 2017.

[96] 马克·特雷布. 现代景观: 一次批判性的回顾[M]. 丁力扬, 译. 北京: 中国建筑工业出版社, 2008.

[97] 钱钟书. 七缀集[M]. 上海: 上海古籍出版社, 1994.

[98] 高名凯. 语法理论[M]. 北京: 商务印书馆, 2011.

（2）学位论文

[1] 沈洁. 风景园林价值观之思辨[D]. 北京: 北京林业大学, 2012.

[2] 谭怡恬. 城市零售商业空间结构演变研究[D]. 长沙: 湖南大学, 2017.

[3] 李翔宇. 消费文化视阈下当代商业建筑设计研究[D]. 哈尔滨: 哈尔滨工业大学, 2011.

[4] 华霞虹. 消融与转变[D]. 上海: 同济大学, 2007.

[5] 胡燕. 后工业景观设计语言研究[D]. 北京: 北京林业大学, 2014.

[6] 朱麟飞. 后现代社会视野下的消费方式变迁[D]. 长春: 吉林大学, 2009.

[7] 董立清. 消费社会人的价值观的偏失与重建[D]. 北京: 北京交通大学, 2012.

[8] 马明华. 消费社会视角下的当代中国建筑创作研究[D]. 广州: 华南理工大学, 2012.

[9] 周伟强. Space Syntax 与 Arc GIS 集成技术下的集销中心设计分析研究[D]. 广州: 华南理工大学, 2016.

（3）期刊论文

[1] 钟纪刚, 李静波. 现代城市商业综合体的动线空间构成[J]. 重庆建筑, 2008(08): 49-51.

[2] 王向荣, 林箐. 现代景观的价值取向[J]. 中国园林, 2003(01): 5-12.

[3] 郭贵春. 论语境[J]. 哲学研究, 1997(04): 46-52.

[4] 刘滨谊. 风景园林三元论[J]. 中国园林, 2013, 29(11): 37-45.

[5] 刘滨谊, 刘谯. 景观形态之理性建构思维[J]. 中国园林, 2010, 26(04): 61-65.

[6] 成玉宁, 袁旸洋. 当代科学技术背景下的风景园林学[J]. 风景园林, 2015(07): 15-19.

[7] 李哈滨. 景观生态学——生态学领域里的新概念构架[J]. 生态学进展, 1988, 5(01): 23-33.

[8] 吴欣, 傅凡. 景观艺术家与理论家[J]. 风景园林, 2010(02): 151.

[9] 朱建宁, 周剑平. 论Landscape的词义演变与Landscape Architecture的行业特征[J]. 中国园林, 2009, 25(06): 45-49.

[10] 米歇尔·柯南. 异质多重性的景观[J]. 邓位, 译. 风景园林, 2010(02): 167-172.

[11] 安妮·惠斯顿·斯本, 张红卫, 李铁. 景观的语言: 文化、身份、设计和规划[J]. 中国园林, 2016, 32(02): 6.

[12] 黄瓴. 景观设计的语言学分析方法[J]. 中国园林, 2008(08): 74-78.

[13] 刘滨谊, 张亭. 基于视觉感受的景观空间序列组织[J]. 中国园林, 2010, 26(11): 31-35.

[14] 刘茜, 易西多, 侯志仁. 社区规划的参与性与渐进性[J]. 装饰, 2017(10): 99-101.

[15] 邱松. "设计形态学"与"第三自然"[J]. 创意与设计, 2019(05): 31-36.

[16] 易西多, 刘茜. 时代背景下影响设计走向的因素研究[J]. 设计艺术研究, 2015, 5(06): 6-12.

[17] 蒙小英. 基于图示的景观图式语言表达[J]. 中国园林, 2016(02): 18-24.

[18] 王云才, 张英, 韩丽莹. 中小尺度生态界面的图式语言及应用 [J]. 中国园林, 2014(09): 46-50.

[19] 布正伟. 建筑语言结构的框架系统 [J]. 新建筑, 2000(05): 21-24.

二、外文文献

（1）英文著作

[1] Humphery K. Shelf Life: Supermarkets and the Changing Cultures of Consumption[M]. United Kingdom: Cambridge University Press, 1998.

[2] Firat A F, Dholakian. Consuming People: from Political Economy to Theaters of Consumption[M]. London: Sage, 1998.

[3] Baudrillard J. Simulacra and Simulation. Ann Arbor: University of Michigan Press, 1994.

[4] Augé, Marc. Non-places: Introduction to an Anthropology of Supermodernity 2nd English Language Edition[M]. London and New York: Verso, 2008.

[5] Baudrillard, Jean. Amérique[M]. Paris: B. Grasset, 1986.

[6] Jeffrey I, Rem K, Sze T L. Harvard Design School Guide to Shopping[M] New York: Taschen, 2001.

[7] Sueyoshi M. Contemporary Commercial Buildings Facades[M]. Tokyo: Shotenke nchiku-Sha Company, 1992.

[8] Maitland, Barry. Shopping Malls : Planning and Design[M]. London: Construction, 1985.

[9] Burt Hill Kosar Rittelmann Associates, Min Kantrowitz Associates. Commercial Building Design : Integrating Climate, Comfort, and Cost[M]. New York: Van Nostrand Reinhold, 1987.

[10] Coleman, Peter. Shopping Environments: Evolution, Planning and Design[M]. Amsterdam, Boston and London: Architectural Press, 2006.

[11] Jackson, Peter, Michael R. Shopping, Place and Identity[M]. London: Routledge, 1998.

[12] Spirn A W. The Language of Landscape[M]. New Haven, Conn: Yale University Press, 1998.

[13] Eilouti B H. Towards a Form Processor[M]. Ann Archor: Hathitrust, 2001.

[14] Simon B. Elements of Visual Design in the Landscape[M]. London: Routledge, 2013.

[15] Simon B. Landscape: Pattern, Perception and Process[M]. London: Routledge, 2012.

[16] Booth, Norman K. Basic Elements of Landscape Architectural Design[M]. Prospect Heights, Ⅲ.: Waveland Press, 1990.

[17] Christopher A. A Pattern Language: Towns, Buildings, Construction[M]. New York: Oxford University Press, 1977.

[18] Crowe S, Mitchell M. The Pattern of Landscape. Applied Ecology, Landscape, and Natural Resource Management Series[M]. Chichester: Packard Pub, 1988.

[19] Baudrillard, Jean. For a Critique of the Political Economy of the Sign[M]. St. Louis, MO: Telos Press, 1981.

[20] Peter B. The Barman Reader[M]. Massachusetts and Oxford: Blackwell Publishers, 2001.

[21] Hymes D. Models of the Interaction of Language and Social Life[M]. New York: Holt, Rinehart & Winston Press, 1972.

[22] Lyons, John. Semantics[M]. London: Cambridge University Press, 1997.

[23] Chisholm, Hugh. Commerce[M]. Encyclopaedia Britannica: Cambridge University Press, 1991.

[24] Claude B. La Grande Histoire des Regroupements dans la Distribution [M]. Paris: Harmattan Publisher, 2014.

[25] Saunders, William S, Rowe. Reflections on Architectural Practices in the Nineties[M]. New York: Princeton Architectural Press, 1996.

[26] Henri L. Every Day Life in the Modern World[M]. London: Harper Row Publishers, 1984.

[27] Featherstone M. Consumer Culture and Post-modernism[M]. Los Angeles: Sage Publications, 2007.

[28] Featherstone M. Undoing Culture: Globalization, Postmoderism and Identity. London: Sage Publications, 1995.

[29] Henri L, Nicholson S, Harvey D. The Production of Space[M].

Oxford, UK: Blackwell Publishing, 1991.

[30] Haug W F. Critique of Commodity Aesthetics. Oxford: Polity Press, 1986.

[31] Baudrillard, Jean. Simulations[M]. New York : Semiotext(e), 1983.

[32] Alejandro Néstor García Martínez. Being Human in a Consumer Society[M]. UK: Taylor and Francis, 2016.

[33] Colin C, Roger S, Eric H. The Desire for the New: Its Nature and Social Location as Presented in Theories of Fashion and Modern Consumerism in Consuming Technologies: Media and Information in Domestic Spaces. London: Routledge, 1992.

[34] Riesman D. Individualism Reconsidered[M]. Glencoe, Ⅲ: Free Press, 1954.

[35] Mills C W. "Introduction. " In The Theory of the Leisure Class, by T. Veblen[M]. London: Unwin Books, 1970.

[36] Singer, Jerome L. Daydreaming: Introduction to the Experimental Study of Inner Experience [M]. New York: Random House, 1966.

[37] James P. Trajan's Forum: A Study of the Monuments[M]. Berkeley: University of California Press, 1997.

[38] Pevsner, Nikolaus. A History of Building Types[M]. Princeton, N. J: Princeton University Press, 1976.

[39] Geist J F. Arcades–The History of a Building Type[M]. MA: Massachusetts Institute of Technology Press, 1989.

[40] Jodidio, Philip. New Forms: Architecture in the 1990s[M]. Köln, New York: Taschen, 1997: 76.

[41] James W. De-constructure[M]. New York: Rizzoli Publication, 1987.

[42] Noever, Peter, Haslinger. Architecture in Transition : Between Deconstruction and New Modernism[M]. New York: Prestel, 1991.

[43] Lewis, David, Bridger. The Soul of the New Consumer[M]. London: Napervile, 2000.

[44] Simon B. Landscape: Pattern, Perception and Process[M]. London: E and FN Spon, 1999: 26-39.

[45] Booth, Norman K. Foundation of Landscape Architecture: Integrating Form and Space Using the Language of Site Design[M].

Hoboken: John Wiley and Sons, 2012: 89-112.

[46] Franck K Q, Stevens. Loose Space: Possibility and Diversity in Urban Life[M]. London, New York: Routledge, 2007.

[47] Attoe W L, Donn. American Urban Architecture: Catalysts in the Design of Cities[M]. Oakland: University of California Press, 1989: 163.

[48] Burtenshaw D, Bateman M, Asbwort G J. The European City: A Western Perspective[M]. London: David Fulton Publishers, 1996.

[49] Forman, Richard T T. Land Mosaics : The Ecology of Landscapes and Regions[M]. Cambridge , New York: Cambridge University Press, 1995.

[50] Guy D. The Society of Spectacle[M]. New York: Zone Books, 1995: 12.

[51] Kevin D. Adolphe Quetelet, Social Physics and the Average Men of Science, 1796—1874[M]. Science and Culture in the Nineteenth Century. Taylor and Francis, 2015.

[52] William S, Spoerl H D. General Psychology: From the Personalistic Standpoint[M]. Mac Millan, 1938.

[53] Altman I, Lett E E. The Ecology of Interpersonal Relationships: A Classification System and Conceptual Model[M]. Washington District of Columbia: Navy Department Bureau of Medicine and Surgery, 1967.

[54] Hall, Edward T. The Hidden Dimension[M]. New York: Anchor Books, 1990.

[55] Madera M, Marta B, Miguel G. Report on Public Architecture [M]. Córdoba: Contemporary Architecture Foundation, 2007.

（2）学位论文

Ahlava A. Architecture in Consumer Society[D]. Helsinki: University of Art and Design Helsinki Finland, 2002.

（3）期刊论文

[1] B. Joseph P Ⅱ, James H G. Welcome to the Experience Economy[J]. Harvard Business Review, 1998, 76(4): 97-104.

[2] Eisenman P. Visions Unfolding, Architecture in the Age of Electronic Media[J]. Architectural Design, 1992, 62(9): 16-18.

[3] Bauman Z. Consuming Life[J]. Journal of Consumer Culture, 2001, 1(1): 9-29.

[4] Laurie O. Form, Meaning, and Expression in Landscape Architecture [J]. Landscape Journal, 1988, 7(2): 149-168.

[5] Mari T, Åsa O, Gary F. Key Concepts in a Framework for Analysing Visual Landscape Character[J]. Landscape Research, 2006, 31(3): 229-255.

[6] Åsa O, Mari S T, Gary F. Capturing Landscape Visual Character Using Indicators: Touching Base with Landscape Aesthetic Theory[J]. Landscape Research, 2008, 33(1): 89-117.

[7] Niclas B, Stephen C L. Language and Landscape: a Cross-linguistic Perspective[J]. Language Sciences, 2008, 30(2-3): 135-150.

[8] Stevens, Quentin, Dovey. Appropriating the Spectacle: Play and Politics in a Leisure Landscape[J]. Journal of Urban Design, 2004(9): 351-365.

[9] Miller, Jacob C. Malls Without Stores: The Affectual Spaces of a Buenos Aires Shopping Mall[J]. Transactions of the Institute of British Geographers, 2014, 39(1): 14-25.

[10] Griñán M, María, Mónica L S. Urban Commerce and Protected Cultural Landscape[J]. Heritage, 2019, 2(1): 72-85.

[11] Rosenbaum, Mark S, Germán C R. A Dose of Nature and Shopping: The Restorative Potential of Biophilic Lifestyle Center Designs[J]. Journal of Retailing and Consumer Services, 2018(40): 66-73.

[12] Hami, Ahmad, Fazilah F M. Public Preferences toward Shopping Mall Interior Landscape Design in Kuala Lumpur, Malaysia[J]. Urban Forestry & Urban Greening, 2018(30): 1-7.

[13] Kent, Richard L. The Role of Mystery in Preferences for Shopping Malls[J]. Landscape Journal, 1989, 8(1): 28-35.

[14] Hopkins, Jeffrey S P. West Edmonton Mall: Landscape of Myths and Elsewhereness[J]. Canadian Geographer/Le Géographe Canadien, 1990, 34(1): 2-17.

[15] Goss J. The "Magic of the Mall": An Analysis of Form, Function, and Meaning in the Contemporary Retail Built Environment[J]. Annals of the Association of American Geographers, 1993, 83(1): 18-47.

[16] Dowling, Robyn. Femininty, Place and Commodities: a Retail Case Study[J]. Antipode, 1993, 25(4): 295-319.

[17] Koolhaas R. The Generic City[J]. Architecture d'Aujourd'hui, 1996: 70-77.

[18] Simon J B. Image and Consumer Attraction to Intraurban Retail Areas: An Environmental Psychology Approach[J]. Journal of Retailing and Consumer services, 1999, 6(2): 67-78.

[19] Simmel G. Fashion[J]. American Journal of Sociology, 1952, 62(6): 545.